TR*Bäume*

Gestaltung und Satz: Urs van der Leyn, Basel

Verlag und Herausgeber bedanken sich bei diesen Autoren
ebenso wie für die redaktionelle Zuarbeit von
Heike Appel, Simone Oppl, Hans-Peter Burggraf,
Robert Lehmann, Matthias Müller und Claudia Großmann,
sämtlich im Grünflächenamt der Stadt Frankfurt,
ferner bei Alfred Zschietzschmann, Jeannette Servus,
Ulrike Heinisch und Tobias Picard im Institut für Stadtgeschichte
sowie bei Christine Skowronowski, Jakob List,
Heike Maybach und Katja Apelt.
Gesamtherstellung: Sowa Druck

Der Band erscheint mit freundlicher Unterstützung durch
das Grünflächenamt der Stadt Frankfurt am Main

ISBN 978 3 86638 189 6

Henner Drescher

TR Bäume

axel dielmann – verlag

Kommanditgesellschaft in Frankfurt am Main

Zum Tode von Louis Trenker

Die Bäume

Inhaltsverzeichnis

und ihre Standorte

Borke

Grußwort

von Rosemarie Heilig

Frankfurt am Main ist die „Europäische Stadt der Bäume 2014". Für viele Frankfurterinnen und Frankfurter ist dies nur die Bestätigung dessen, was sie schon immer wussten: Die Stadt ist grün. In der Mitte die Grünzüge entlang des Mains und die Wallanlagen, die alten Patriziergärten, der Hauptfriedhof und das einmalige Ensemble aus Grüneburgpark, Palmengarten, Botanischem Garten und Campus Westend. Ringsherum zieht sich der Grüngürtel mit Stadtwald, Streuobst und dichten Ufergehölzen.

Der Europäische Baumpflegerat zeichnet mit dem Titel aber auch den „Frankfurter Weg" der Baumpflege aus. Es gehört viel Fachkompetenz dazu, die Bäume trotz der lebensfeindlichen Bedingungen im urbanen Raum zu pflegen, gedeihen zu lassen und gleichzeitig auch den Anforderungen des Artenschutzes gerecht zu werden. So ermöglicht zum Beispiel das digitale Baumkataster des Grünflächenamtes eine genaue Erfassung und ständige Aktualisierung des Baumbestandes und dient der Unteren Naturschutzbehörde zur Verortung von Baumhöhlen, in denen sich Vögel oder Fledermäuse verstecken, um dort ihre Nachkommen aufzuziehen.

Der Erhalt der Artenvielfalt und die Auswahl geeigneter Baumarten für das Stadtklima sind Fragen, mit denen sich Städte bereits heute intensiv auseinandersetzen müssen – besonders vor dem Hintergrund des Klimawandels. Er ist ja jetzt schon zu spüren, mit vielen Hitzewellen und Schwületagen. Wie gut tut es da, an einem heißen Sommertag durchs Ginnheimer Wäldchen zu radeln oder sich im Grüneburgpark in den Schatten einer riesigen Platane zu legen!

Bei allen Wohlfahrtswirkungen, die von Bäumen ausgehen, sollte man eines nicht vergessen: Die Schönheit und Erhabenheit von Bäumen, losgelöst von jedem Zweck, vollkommen zeitlos und unbeeinflusst von kultureller Wahrnehmung. In diesem Buch ist „nur" Platz für 100 von ihnen, sorgsam und natürlich subjektiv ausgewählt, verstreut über das ganze Frankfurter Stadtgebiet, knorrig und verwunschen, geheimnisvoll und heiß geliebt, jeder einzelne eine Persönlichkeit. Ich freue mich sehr über dieses Buch, das von unseren stillen Wegbegleitern erzählt, mit Geschichten, die oft lange vor unserer Zeit spielen und doch manchmal aktueller sind als sie anfangs scheinen.

Ich wünsche allen Leserinnen und Lesern viel Freude mit diesem Buch.

Ihre Rosemarie Heilig
Dezernentin für Umwelt und Gesundheit

Grußwort

von Stephan Heldmann

Banken, Wolkenkratzer, Börsengeschehen und Flughafen – Begriffe, die allen Nicht-Frankfurtern sofort in den Sinn kommen, wenn sie an die „kleine Metropole“ am Main denken. In diesem Buch möchten wir eine ganz andere Seite der Stadt zeigen und in den Fokus rücken. Wir stellen Ihnen, den Leserinnen und Lesern, einen ganz besonderen Standortfaktor vor: 100 „Baum-VIPs“ werden hier portraitiert, sie sind Teil der Frankfurter Stadtgeschichte und mit unzähligen Erinnerungen und Anekdoten verbunden. Über 200000 Bäume wachsen auf öffentlichen Flächen, als prächtige Alleen, als elegante Parkbäume, als Mittelpunkte auf Plätzen und als Trostspender auf Friedhöfen.

Der Wert der Bäume für eine Stadt ist vielseitig und monetär kaum zu beziffern: Sie sind Lebensraum, Frischluftkraftwerke, Luftbefeuchter, Staubfilter und Schattenspender. Neben allen ökologischen Funktionen darf aber ein besonderes Merkmal nicht vergessen werden: Bäume wirken als Wohlfühlfaktor, sie machen Frankfurt für die hier wohnenden und arbeitenden Menschen lebens- und liebenswert, und sind damit unentbehrlich für die Zukunftsfähigkeit unserer Stadt.
Um sie im urbanen Ökosystem in Ihrer Vitalität zu erhalten und gedeihen zu lassen, ist eine konsequente und anspruchsvolle Pflege notwendig. Die erfolgreichen Bemühungen der Stadt Frankfurt um ein professionelles Baummanagement, das auch den im städtischen Umfeld besonders wichtigen Aspekt des Artenschutzes berücksichtigt, waren ausschlaggebend für die Verleihung des Titels „Europäische Stadt der Bäume 2014“ durch den Europäischen Baumpflegerat. Diese Auszeichnung wird seit 2007 vergeben und mit Frankfurt hat ihn erstmals eine deutsche Stadt erhalten.
Vielleicht finden Sie in diesem Buch Ihren persönlichen Lieblingsbaum wieder, oder Sie entdecken einen Baum, der Sie mit seiner Geschichte fasziniert. Wir wünschen Ihnen viel Freude beim Kennenlernen dieser grünen Seite der Stadt.

Ihr Stephan Heldmann
Leiter des Grünflächenamtes

Vorwort

von Henner Drescher

12 **Oben auf der Galerie der Frankfurter Kleinmarkthalle** fragte mich Werner: „Jetzt sag mir doch mal, was du heute eigentlich mit einem Baumbuch willst, Bäume wachsen doch überall und von alleine und waren immer schon da …“ Ich unterbrach ihn mit: „So schwätzen nur Ahnungslose.“ „Nee, dann sag doch mal.“ „Wenn du mich ausreden lässt, dann versuch ich's.“ Hier nochmal zum Lesen:

Erstens ist der Baum (an sich) ein kleines Wunder der Natur. Schon als Kind stand 13
ich vor der Dicken Eiche bei Meisenheim am Glan und staunte: Wurzel, Stamm, Krone – ein eigenständiges Lebewesen, eigenartig, in vielfältigem Auswuchs – bis zu viertausend Jahre können sogar einige werden. Dann ist die erste Natur ja nicht nur selbstverständlich, romantisch, schön, bisweilen sogar mit Kitsch verwechselt; die erste Natur ist auch wild, chaotisch und katastrophal. Ohne menschliches Zutun würde sie verwildern. Der Mensch macht sich die Welt untertan durch Obst- und Gemüseanbau, Gärten und Parkanlagen, und spätestens mit dem Material Holz leistet er Kulturbeiträge unter nützlichen Aspekten: zum Schutz (Dach überm Kopf, Möbel), zum Kämpfen (Speer, Pfeil und Bogen und anderes), für allerlei Künste (Musikinstrumente, Plastiken und so weiter); in diese „Gebrauchskultur“ bringt Linné eine kennzeichnende Ordnung dadurch, dass er den Bäumen Namen gibt. Mit zwei lateinischen Wörtern bestimmt er Art und Gattung, und der Begriff des Baumes wird Gegenstand von Wissenschaft. Die Botanik, die im Mittelalter noch fest in Händen von Medizinern, Apothekern und heilenden Mönchen war, unter Gesundheits- und Ernährungsblickwinkel entwickelt sich in Theorie und Praxis.
Eine erste wirkliche Globalisierung findet meines Erachtens mit den ersten Erdumsegelungen statt (1515–1522 Fernando Magellan), Pflanzenjäger fahren mit und bringen fremde Pflanzen aus Übersee. Gegen das barbarische Abholzen in Europa – vor allem für den Bau von Kriegsschiffen – entstehen Forstwirtschaft und der Begriff Nachhaltigkeit. Anfang des 19. Jahrhunderts gibt man in Frankfurt der ersten Natur etwas zurück, nachdem sich die Stadt jahrhundertelang ins Grün entwickelt hatte: Die Festungsanlagen werden destruiert und stattdessen ein Englischer Garten installiert – und insgesamt kann man die Entwicklung des Grüns an der Geschichte der Stadt ablesen, die Anpflanzung der Bäume lässt sich anhand der Stadtpläne wie denen von Merian und Delkeskamp einsichtig nachvollziehen.
Schließlich wurde der russische Geograph Gregory Fedorovich Morozov (1867–

1920) am Vorabend der Russischen Revolution der erste Gründergeist der Ökologie. Von seiner geliebten Revolutionärin Olga Zandrok zur Agrarwissenschaft ermuntert, studierte er Forstwissenschaft, Zoologie und Anatomie, er verehrte Darwin. 1913 veröffentlicht er in *The Forest as a Plant Society*. „Ein Wald ist ein einziger komplexer Organismus mit geordneten Verbindungen zwischen seinen Teilen und wie jeder andere Organismus mit durch einen bestimmten Zustand der Stabilität gekennzeichnet. Er stellt in sich einer Gesellschaft dar, eine Gemeinschaft von Bäumen, die sich gegenseitig beeinflussen. Auf diese Weise entstehen eine ganze Reihe von neuen Phänomenen, die mehr sind als die Eigenschaften der einzelnen Bäume." (*Der Baum – Eine Biografie*, David Suzuki u. Wayne Grady). Der Wald ist ein kompliziertes, sorgfältig ausbalanciertes Kartenhaus, aus dem keine einzige Karte herausgezogen werden kann, ohne dass die gesamte Struktur über unseren Köpfen zusammenbricht. Kurzum er mahnt eine neue Achtsamkeit gegenüber der ersten Natur an.

Das vorliegende Buch ist dann erfolgreich, wenn der Leser nach der Lektüre das Abenteuer des erkennenden Sehens einginge, einmal genauer die Unterschiedlichkeiten wahrzunehmen, zum anderen sich einzulassen auf Informationen und Wissen. Dabei wünscht der Herausgeber heitere Gelassenheit und viel Vergnügen. Er hatte das Glück, Heribert von Esebeck kennen und schätzen gelernt zu haben, und verneigt sich in Dankbarkeit.

Henner Drescher, Mai 2014

Zum Geleit

und für Robert Gernhardts „Grüngürteltier“

Mittendrin beim Modellieren
kam's über ihn, wollt's ausprobieren –
die Idee, das Tier könnt fliegen,
war nicht mehr aus dem Kopf zu kriegen.

Er beschwörte, meditierte,
ballte Fäuste, konzentrierte
sich drauf eins zu werden mit
seinem Werk für diesen Schritt:
Der Geist soll's Material besiegen
und heiter auf zum Himmel fliegen.

Er sprach laut: „Nur Mut, nur zu –
auf Chimäre, Engel Du!“
Nix!
„Lieb Satierchen, mach ma hin –
aufwärts geht's, egal wohin!“
Nix!
Erhebe Dich, Grüngürteltier,
es winkt das Reich der Mythen Dir!“
Immer noch nix!
Verzweifelt schrie er: „Blödes Tier,
für Deine Angst kann ich nix für!“
Und dann, verdammt noch mal, der Schreck –
Schwuppdiwupp, das Tier war weg!

(H.D.)

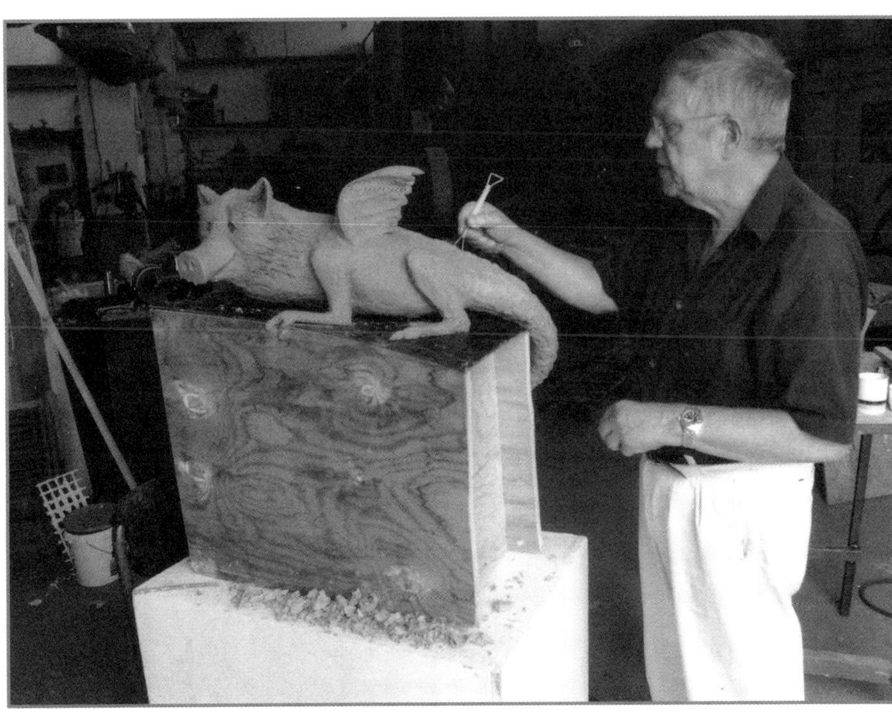

Bergahorn

Acer pseudoplatanos L.

Friedberger Landstraße

Pflanzjahr **um 1910** Höhe **22 m** Kronendurchmesser **15 m** Stammumfang **3,20 m**

Dendrologisches: Sein Vorkommen liegt im atlantischen Klimabereich mittlerer und höherer Lagen des Mischwaldes. Er besiedelt im mittel- und süddeutschen Raum buchenreiche Bergwälder und steigt in den Alpen bis zu 1 500 m. Als Tiefwurzler hat er eine hohe Sturmfestigkeit, jedoch braucht er zum gesunden Wachstum luftige Lagen bei hoher Luftfeuchtigkeit.
Leicht ist er an den grünen Knospen und der kreuzständigen Blattstellung zu erkennen. Mit spitz eingeschnittenen gebuchteten, unterseits blaugrünen Blättern bildet er eine breitpyramidale Krone mit anfangs glattem, grauem Stamm und später schuppiger Rinde. Mit dem Blattaustrieb im Mai erscheinen die hängenden Blütentrauben. Im Herbst sind die spitzwinklig gestellten Fruchtflügel (Spaltfrucht) ein sicheres Bestimmungsmerkmal. Der Berg-Ahorn kann bis zu 500 Jahre alt werden, er spendet Schatten und ist selbst ein schattenverträglicher Straßenbaum.

Dieser Baum steht in der Friedberger Landstraße kurz hinterm Zollhaus, wenn man von Frankfurt nach Bad Vilbel fährt auf der linken Seite.
Gepflanzt wurde die Ahornallee kurz vor dem Ersten Weltkrieg und hier oben war eine der größten Streuobstwiesengegenden von Frankfurt – ähnlich wie in Sossenheim. Im 5./6. Jahrhundert soll es schon Aufzucht von Obst gegeben haben, im 15./16. Jahrhundert nahm die Doppelnutzung mit Ackerland zu und Ende des 19. Jahrhunderts blühte der Obstanbau geradezu auf. Technik und Plantagen verdrängten die traditionellen Wiesen, Straßenbau, Baulandzuwachs und Flurbereinigung taten ein Übriges. In den 30er Jahren gab es noch 8,5 Millionen Hoch- und Halbstämme in Hessen, in den 70ern 4,2 Millionen und in den 80ern nur noch eine Million.
Seither sind Erholungswert, Bodenschutz, Einfluss auf Klima und Luftreinigung wieder wichtiger geworden als Handel und Erwerbserfolge, und für Vögel, Insekten, Hase und Igel, Flora und Fauna sind sie unabdingbar fürs Überleben.

Es gibt einige Beratungsstellen:
Beratungsgarten Lohrberg, Tel: 069 / 47 99 94
Bund für Umwelt und Naturschutzbund Deutschland, Tel: 069 / 61 44 44
Obst- und Gartenbauverein 1889 e.V., Tel: 06109 / 215 43
Staatliche Vogelschutzwarte für Hessen, Rheinland-Pfalz und Saarland
Tel: 069 / 41 15 32

Eschenahorn

Acer negundo L.

Seehofpark, Sachsenhausen

Pflanzjahr **1880** Höhe **13 m** Kronendurchmesser **17 m** Stammumfang **3,20 m**

Dendrologisches: Der Ende des 17. Jahrhunderts aus Nordamerika stammende Eschen-Ahorn wird 10 bis 15 m hoch, hat eine malerisch breit überhängende Krone. – Ein gutes Erkennungsmerkmal sind die weiß bereiften Zweige. Im Herbst zeigen sich die typischen beflügelten Ahornsamen in großer Zahl und die Blätter bekommen eine schöne Gelbfärbung.

Dieser Baum steht im Seehofpark in Sachsenhausen, Offenbacher Landstraße, Richtung Offenbach, rechts ab Breulsweg. Er ist vom Pilz Schuppiger Parling befallen.

Der Seehofpark war Privatbesitz mit Quelle, Fischteichen und einem Gutshofkomplex. 1842 wurde er städtisches Eigentum, 1857 wurde die Quelle gefasst, 1859 ein Wasserwerk installiert. Das Wasser wurde von Brauereien, Gärtnereien, privat und vom städtischen Schlachthof genutzt. Seit 1911 öffentlich als Park zugänglich, 1953 neu gestaltet mit Kinderspielplatz, Wiese und altem Baumbestand. Heute leistet der dortige Wasservorrat als Brandwasser für das Deutschherrenviertel wertvolle Dienste.

1688 stand er schon im Garten von Henry Compton (1632–1713). Compton war im tatkräftigen Mannesalter Söldner in englischen Diensten, in hohem Alter wurde er Bischof von London. In Fulham hatte er einen Palast mit Park, und er war einer der ersten großen Botaniksammler. Er wählte seine Missionare nicht nach biblischen oder frommen Kriterien aus, sondern sie mussten um die jeweilige Flora und Fauna Bescheid wissen. Einer dieser Missionare war John Bannister. Er brachte die erste Magnolie (eine Sumpfland M. virginiana) in seinen Garten, wo es ferner Eschenahorn, Schwarznuss, Balsamtanne, Balsampappel, Scharlacheiche und Blumenesche gab. Außerdem mussten die pflanzenjagenden Missionare neben Beharrlichkeit zwei geschickte Hände haben, nicht zuletzt um die Beute sorgsam zu verpacken, so dass sie sicher nach Europa kam. „Guter Gott“, rief Linné aus, „wenn ich das traurige Schicksal so vieler botanischer Jünger bedenke, bin ich versucht zu fragen, ob Männer, die für ihre Liebe zum Pflanzensammeln ihr Leben und alles andere so verzweifelt aufs Spiel setzen, nicht bei Trost sind.“

Feldahorn / Maßholder

Acer campestre L.

Fußballplatz, Brentanopark

Pflanzjahr **1932** Höhe **21 m** Kronendurchmesser **14 m** Stammumfang **2,65 m**

20 **Dendrologisches:** Als heimisches Flurgehölz ist er im Eichen-Hainbuchen- Mischwald mit genannten Ahornarten häufig zu finden. In seiner Strauch- oder Baumform lässt sich der Feld-Ahorn ohne weiteres an seinen kleinen 3- bis 5lappigen Blättern und braunfilzigen Winterknospen erkennen, gleichfalls an seiner verkorkten Rinde und dem milchhaltigen Blattstiel wie beim Spitz- Ahorn. Die Spaltfrüchte stehen waagerecht ab.
Ebenso wie der Spitz-Ahorn weist er eine aufrechte Blüte auf und wie der Berg-Ahorn hat auch der Feld-Ahorn seine Blütezeit im Mai, allerdings nach dem Blattaustrieb.

Dieser stattliche Feldahorn steht auf dem Gelände des Stadions am Brentanobad, der 21
Heimspielstätte des 1. FFC (Erster Frauen-Fußballclub Frankfurt), wo derzeit gebaut wird und eine Flutlichtanlage Licht in dunkle Zeiten bringen soll. Bislang hat der Baum alle Erfolge des 1. FFC gut überstanden: acht Mal DFB-Pokalsiege, sieben Mal Deutscher Meister und drei UEFA-Pokalsiege, aber ebenso die Niederlagen, wenn auch entscheidende Spiele nicht im Brentanobad-Stadion stattgefunden haben.
Als ich vor Ort in der vermatschten Baustelle die richtige Distanz zum Baum fürs Foto suchte, ging mir durch den Kopf, ob der Baum, leicht nach vorn gebeugt, wie er so dasteht, neugierig die Spiele verfolgt oder ob er gar akustische Reize wahrnehmen kann, ob er euphorisches Geschrei, wenn der 1. FFC ein Tor geschossen hat, unterscheiden kann von enttäuschtem, wenn der Gegner erfolgreich war, oder ob das Wasser schneller nach oben in die Blätter schießt, wenn es spannende oder brenzlige Situationen gibt. Ach, wenn er könnte, hätte er sicher ein „Weiter so!“ durch die Blätter rascheln lassen.

Kurz vor der Endredaktion des Buches gewannen die Frauen des 1. FFC Frankfurt mit 3:0 gegen Essen den DFB-Pokal 2014. – Bravo!

Schlangenhautahorn

Acer davidii

Nizza

Pflanzjahr **1978** Höhe **12 m** Kronendurchmesser **12 m** **mehrstämmig**

22 **Dendrologisches:** Das typische Rindenbild dieses Exoten hat dem 1897 aus China stammenden bis 15 m hohem Baum seinen deutschen Namen gegeben. Ein herzförmiges Blatt, das sich im Herbst gelb-rot färbt, unterscheidet ihn auch von anderen Ahorn die in der Regel über gelappte Blätter verfügen. Auffallend sind auch die gelblich hängenden Blütentrauben die im Mai erscheinen. Dieser Baum steht an der Untermainbrücke im Nizza.

Er heißt nach dem Jesuitenpater Armand David (1826–1900), der auch den Taschen- 23
tuchbaum in China entdeckt und beschrieben hat (außerdem auch den Pandabär). Die ersten Samen (37 Stück) dieses Ahorns schickte Pater Fargesan 1897 an Maurice de Vilmorin, davon ging nur einer auf, und geschützt in dessen *Arboretum in les Barres* blühte der erste Schlangenhaut-Ahorn in Europa.

Das Nizza gehörte bis um 1800 zur Befestigungsanlage und grenzte an den Schneidwall. Hier wurden viele Arbeitsmaschinen mit Wasserkraft betrieben: von Holzsäge-Anlagen bis Pfeffermühlen. Der Nebenarm des Main diente als Winterhafen. Ab 1806, mit der Destruktion der Festungsmauern, wurde, vom kleinen Main getrennt, eine Insel zum Erholungsschwerpunkt mit Schwimmschule und Mainlust, einem beliebten Tanzlokal mit Park. Ab 1857: Der kleine Main wird trockengelegt, die Insel zum Festland mit Uferpromenade und die Ufer-Bahngleise werden gelegt. Bis 1875 beendet der Enkel von Sebastian Rinz, Andreas Weber (1832–1901), nunmehr selber Gartenarchitekt geworden, den Ausbau der Wallanlagen als letzten Teil. 1885 wird der Grindbrunnen vom Westhafen ins Nizza versetzt, er liefert schwefelhaltiges, bei Hautleiden heilkräftiges Wasser. Er sprudelt bis 1960, dann wird er völlig verschmutzt stillgelegt. Nach 1945 gehen die oberhalb der Mauer gelegenen Erholungsflächen an den Straßenbau verloren (Untermainkai) und unten entsteht ein von Mauer und Brücke geschützter Winkel, in dem exotische Pflanzen gedeihen, die nördlich der Alpen selten sind: Schlafbaum, Korkeiche, Bananen und anderes.

Oberhalb des Nizza (Untermainkai) in einem dieser prächtigen Gründerbauten hatte der Vater von Oswald Kolle seine Analytiker-Praxis. Von da erfuhr sein Sohn alle Aufklärung dieser Welt im Gegensatz zu der verklemmten, prüden Spießerwelt der 50er Jahre. Dass seine sogenannten Aufklärungsfilme keine cineastischen Knüller wurden, hatte sicher auch mit seinem naiven Sendungsbewusstsein zu tun.

Silberahorn

Acer saccharinum

Ostpark

Pflanzjahr **1947** Höhe **16 m** Kronendurchmesser **16 m** Stammumfang **4,30 m**

Dendrologisches: Ebenfalls aus Nordamerika stammt der Silberahorn, der seinen deutschen Namen seinen silbrig schimmernden Blattunterseiten verdankt. In großen Parkanlagen ist er als 30 m hoher, mehrstämmiger Baum eine stattliche Erscheinung – die allerdings eine gewisse Bruchgefahr mit sich bringt. Er gilt als ausgesprochen stadtklimafest und trotzt auch starken Frösten.
Mit dem Zuckerahorn, dem Wappenbaum Kanadas, ist der Silberahorn eng verwandt. – Nach 1725 aus Nordamerika nach England.

John Bartram (1699–1777) war der erste Baumjäger, der in Amerika geboren wurde. Linné hat ihn für den bedeutendsten Botaniker der Welt gehalten, nicht nur, weil er über 200 Arten nach Europa brachte. Er, selber Quäker, war mit dem Londoner Quäker Peter Collinson befreundet, und über eine ausgeprägte Brieffreundschaft haben die beiden nach anfangs zögerlicher Rücksichtnahme regelrecht eine öffentliche Institution aus ihrer Baumleidenschaft gemacht. Collinson hatte zahlende Subskribenten in London wie den Lord Petre, den Herzögen von Richmond, Bedford und Norfolk, sowie Frederick, dem Vater von George III., der dann als Prinz von Wales im Kew Palace an der Themse lebte. Der dazugehörende Park sollte zu einem der schönsten und bedeutendsten Botanischen Gärten der Welt werden. Frederick und Frau Augusta beauftragten den Baumeister, Gartengestalter und Maler William Kent mit der Gestaltung und den schottischen Earl of Bute mit der Pflanzenpflege. Der Prinz starb 1751. Prinzessin Augusta setzte die Parkpflege fort und ernannte William Aiton zum ersten Kurator des königlichen Gartens.

Nicht weit von hier steht der *Elfmeterpunkt*, den F. W. Bernstein sowie Herausgeber und Joe Kopp errichtet haben. – Zur Einweihung dieses Fußballdenkmals am 15.03.2001 hatte man auch für Anton Hübler, der 1954 als Gärtner bei der Eintracht angeheuert hatte und dann 40 ahre lang dort Zeugwart war, den „Anton-Hübler-Pfad“ in der Ostparkstraße installiert.

Spitzahorn

Acer platanoides L.

Brentanopark, Rödelheim

Pflanzjahr **1825** Höhe **22 m** Kronendurchmesser **20 m** Stammumfang **3,80 m**

Dendrologisches: Er ist nur in den Edel-Laubwäldern (Fagetalia) Europas anzutreffen. Gegenüber dem Berg-Ahorn hat er seine Verbreitung in den wärmeren, flachen Lagen und niedrigen Bergwäldern. Er geht nicht in die kälteren und höheren Regionen der Alpen hinauf. Er ist anpassungsfähig, verträgt Halbschatten, Trockenheit und Hitze, vorausgesetzt, der Boden ist nährstoffreich.
Der bekannte Park- und Straßenbaum hat eine dunkel graurissige Borke, die nicht schuppig wie beim Berg-Ahorn ist. Die Blattstellung ist kreuzständig mit glänzend rotbraunen Knospen. Bei etwas Druck führt er in Blattstielgrund und Zweigen Milchsaft. Die Blätter sind 5lappig mit langbuchtig gezähnten Abschnitten, die Blüten grünlich-gelb in aufrechten Trugdolden vor dem Blattaustrieb im Erstfrühling. Die geflügelten Spaltfrüchte (Nüsschen) stehen stumpfwinklig (Merkmal).

Das Zwanzigerjahre-Häuschen sieht nach Martin May aus, ist aber von einem seiner Schüler namens Kaufmann. Der Rödelheimer Geschichtsverein tagt dort unter der Ägide von Herrn Reichel, der Herausgeber durfte selbst sein Buch vorstellen und fand ein geneigtes Publikum, das am Ende applaudierte.

Karl der Große erließ 812 n. Chr. sein *Capitulare de villis vel curtis imperii*, abgefasst vom Benediktiner-Abt Ansegis von St. Wandrille, heraus. In dieser Domänenverordnung, orientiert an Grundsätzen des römischen Landbaus, gab er seinen Untertanen vor, die folgenden Bäume anzupflanzen und hat damit das Aussehen und Leben weiter Landstriche auf lange Zeit hin geprägt:
Pomeranze, Pflaumenbaum, Speierling, Mispel, Esskastanie, Pfirsich, Quitte, Gemeine Hasel, Mandel, Schwarze Maulbeere, Echter Lorbeer, Pinie, Feige, Echter Walnussbaum, Süßkirsche, Sauerkirsche und die Apfelsorten Gosmaringer, Geroldinger, Krevedellen und Speieräpfel.

Spitzahorn

Acer platanoides L.

Stadtwald

Pflanzjahr **1930** Höhe **12 m** Kronendurchmesser **8 m** Stammumfang **3,10 m**

Dendrologisches: Dieser Baum steht im Stadtwald am Ufer des Jacobi-Weihers hinter der Oberschweinstiege und F. K. Waechter hat daraus seinen „Pinkelbaum" gemacht. Die Inschrift lautet: „Seit 300 Jahren pisst man mich an, ab heute wird zurückgepinkelt." Gerät einer in die Lichtschranke, dann löst ein Bewegungsmelder einen Wasserstrahl aus – das aber nur solange es funktioniert. Ein humorloser Muffelkopp soll die Anlage schon mal kaputt gemacht haben.

Kurt Ruppert, einst Direktor des Stadtforstamtes in Frankfurt, zitiert einen Artikel von 1958 aus der Zeitschrift *Unser Wald* von F. E. Eidmann: „Das große einzige Gegengewicht gegen das Kulturmilieu einer Großstadt ist die lebendige Natur, die der Städter unserer Breiten am raschesten, am unverfälschtesten und unmittelbarsten im Walde findet." Heute allerdings wird die Ruhe des Waldes durch Fluglärm empfindlich gestört. Der Frankfurter Stadtwald umfasst 5 785 Hektar im Süden der Stadt, davon liegen 3 866 Hektar innerhalb der Stadtgrenzen. 67 Hügelgräbern aus der Hallstattzeit im Schwanheimer Wald geben Zeugnis früherer Zeiten. Die dort entdeckten Exponate sind heute im Museum für Weltkulturen und im Historischen Museum zu finden. Im Mittelalter gehörte das Gebiet zu einem königlichen Bannforst. 1221 schenkte Kaiser Friedrich II. Teile des Stadtwalds und die dazugehörenden Jagd- und Weiderechte dem Deutschen Orden. Kaiser Karl IV. verpfändete 1351 den an Frankfurt grenzenden Teil für 400 Pfund Heller an den Wetterauer Landvogt Ulrich III. von Hanau. 1363 erwarb der Frankfurter Patrizier Siegfried zum Paradies das Pfand am Reichsforst. Daraufhin schlossen sich mehrere Frankfurter Schöffen zusammen und verhandelten mit dem Kaiser über eine Ablösung der Pfandrechte durch die Stadt. Am 2. Juni 1372 stellte Karl IV. die Urkunde aus, mit der die Stadt gegen Zahlung von je 8 800 Gulden das Schultheißenamt und den Reichsforst erwarb. 1484 kaufte die Stadt durch einen Vergleich mit dem Deutschen Orden für 1 400 Gulden das Waldstück zwischen Sandhof und Niederrad, die sogenannte Holzhecke. Noch heute sind zahlreiche Grenzsteine dieses Vergleichs am Schäfersteinpfad zu sehen. Aus den Jahren 1491 bis 1812 sind die sogenannten Mastlisten erhalten, die Aufschluss über den jährlichen Vieheintrieb geben. Die Anfang des 18. Jahrhunderts erbauten Schweinstiegen im Ober- und im Unterwald dienten den Herden als Unterstände oder Ställe. Im Stadtwald stehen Gruppen von „1 000-jährigen Eichen"; das Alter der meisten davon wird jedoch auf höchstens 500 Jahre geschätzt. Diese großen Bäume dienten bis gegen Ende des 19. Jahrhunderts den Schwanheimer Landwirten als Huteeichen, deren Ertrag für die Viehmast genutzt wurde.

Amberbaum

Liquidambar styraciflua

Taunusanlage

Pflanzjahr **1968** Höhe **16 m** Kronendurchmesser **7 m** Stammumfang **1,10 m**

Dendrologisches: Der Amberbaum besitzt einen grauen, wulstigen Stamm. – Der sommergrüne, lichtliebende Baum mit aromatisch duftenden Knospen hat wechselständige dunkelgrüne 5lappige Blätter von ahorn-ähnlicher Form. Der breitwinklig bis quer abgeschnittene Blattgrund weist auf der Unterseite deutliche Achselbärte auf. Die einhäusigen Blüten im April und Mai setzen sich aus grünen männlichen in endständiger aufrechter Traube zusammen; die weiblichen Organe bilden langgestielte, hängende Köpfchen an den halbentwickelten Blättern. Die platanen-ähnlichen Früchte bestehen aus vielkapseligen, kugeligen Köpfchen, die mit geschnäbelten Griffeln versehen sind. Werden die geflügelten Samen im Winter ausgestreut, fallen die zahlreichen Fruchtstände erst im Frühjahr zu Boden. – Nach 1680 aus dem östlichen Nordamerika.

Die Wardsche Kiste, auch Terrarium genannt, ist eine Erfindung, die den Transport von Pflanzen von Grund auf ändern sollte und die so nicht beabsichtigt war. Der englische Arzt Dr. Nathaniel Bagshaw Ward aus London (1791–1868) hatte 1829 in eine Flasche Erde, ein wenig Wasser und eine Raupe getan und sie zugestöpselt. Er wollte offensichtlich zuschauen, wie die Raupe sich entpuppte. Er vergaß das Experiment und sah zu seiner Verwunderung nach einer Weile, dass ein kleiner Farn und ein Blättchen gewachsen waren.

Er ließ von einem Schreiner auf Hartholzböden luftdichte Glasaufbauten herstellen und damit war ein entscheidendes Problem gelöst: Pflanzen, die bis zu einem halben Jahr auf dem Weg von Australien oder sonst wo aus Übersee unterwegs waren, Stürmen und Salzwasser, der Unachtsamkeit von Matrosen, großen Temperaturschwankungen und sonstigen Lieblosigkeiten ausgesetzt waren, entwickelten sich unbeschadet. Ab 1835 etwa hatte sich diese Wardsche Kiste durchgesetzt, Fürsten, Händler, Gärtner, alle Pflanzensammler dankten Dr. Ward für seine Erfindung, so auch Sir William Hooker, der Botanikprofessor und Direktor von Kew Gardens. Mit der Kiste war auch der Chinarindenbaum aus seiner Heimat Südamerika gesund nach Java, Indien und Ceylon gelangt. Auch Tee konnte erstmalig den Interkontinentalen Transport überstehen. Die Kisten gab es in allen Größen, auch fürs Wohnzimmer wurden illustre Modelle gearbeitet.

Unbekannt ist, ob er an seiner Erfindung verdient hat, wahrscheinlich war ihm der Dank der Wissenschaft genug.

Araucarie / Schmucktanne

Araucaria araucana

Bethmannpark

Pflanzjahr **1980** Höhe **7 m** Kronendurchmesser **5 m** Stammumfang **0,60 m**

Dendrologisches: Aus den Höhenlagen Chiles und Südwestargentinien stammt dieser eigentümliche Baum, der mit den Tannen im eigentlichen Sinne nicht verwandt ist. In unseren Breiten erreicht der immergrüne Baum Höhen von 8 bis 12 m. Im Herbst können bei älteren weiblichen Pflanzen 15 cm dicke, kugelige, braune Zapfen erscheinen. Als Erster hatte der Schotte Archibald Menzies gegen Ende des 18. Jahrhunderts die Chiletanne nach England gebracht, fünf Sämlinge, eher als wissenschaftliche Rarität gedacht. William Lobb, in Diensten der englischen Handelsgärtnerei Veitch, eher Gärtner als Botaniker, versprach sich merkantilen Erfolg von der Araucarie, die er so nach dem Indianerstamm benannte, der ihn freundlich aufgenommen hatte. Für diese war der mandelgroße Samen als Frucht oder zu Mehl gemahlen ein wichtiges Nahrungsmittel. Die Araucarie wurde beliebt bei den europäischen Botanikern, weil sie die einzig bekannte Konifere mit Herkunft südlich des Äquators ist und sie im westeuropäischen Klima Nutzholzgröße erreicht.

Gräfin Marie d'Agoult (1805–1876) war Schriftstellerin, sie lebte als Kind im Hause ihrer Großeltern in Frankfurt. Die beschriebene Begegnung mit Goethe fand am 21. September 1815 statt. Franz Liszt war der Vater der gemeinsamen Tochter Cosima, die in erster Ehe mit Hans von Bülow und in zweiter Ehe mit Richard Wagner verheiratet war. „Meine Großmutter besaß ein Landhaus, das heute mein Vetter Moritz von Bethmann bewohnt, außerhalb der alten Wälle gelegen, angesichts des Friedberger Tores und des von König Friedrich Wilhelm II. errichteten Denkmals der hessischen Soldaten, die am 2. Dezember 1792 beim Sturm auf die Mauern der damals von Custine besetzten Stadt getötet worden waren. Das schöne geräumige Haus mit dem großen Garten hatte seine historische Weihe durch den Aufenthalt Napoleons nach dem Rückzug von Leipzig erhalten. Damals, unmittelbar nach der Schlacht von Hanau, verbrachte der Kaiser die Nacht des 31. Oktober 1813 mit seinem Generalstab unter dem Dach meiner Großmutter. Mein Onkel Bethmann und der Senator Guiollet (der gleiche, den Goethe in seinen Briefen als den Schöpfer der Glacisanlagen erwähnt) zogen an der Spitze einer Abteilung berittener Miliz Napoleon entgegen. Durch ihre Gegenwart die feindliche Haltung der Menge, die gegen die besiegten Franzosen äußerst erbittert war, in Schach haltend. (*Fortsetzung siehe Seite 137.*)

Baumhasel

Corylus colurna L.

Nizza, Höhe Hotel Intercontinental

Pflanzjahr **1930** Höhe **18 m** Kronendurchmesser **15 m** Stammumfang **3,30 m**

34 **Dendrologisches:** Südosteuropa ist die ursprüngliche Heimat dieses Baumes, auch Türkischer Hasel genannt. Er kann 15 bis 18 m Höhe erreichen. Ein wichtiges Merkmal älterer Bäume ist die hellgraue korkige, längsrissige Borke an Stamm und dickeren Ästen. Die essbaren Früchte finden sich in kugeligen Fruchtständen im Herbst, dann wird er gelb. – Nach 1600 aus der Türkei.

Oberhalb des Nizza standen um 1800 entlang einer schmalen Uferstraße prächtige 35
Landhäuser. Wohlhabende Patrizier hatten zu ihren Villen in der Stadt mit Bibliotheken und Kunstsammlungen nun auch die Natur, sprich den Englischen Garten, dazu gewonnen. Es war eher bescheidener Komfort, keine (hoch)herrschaftliche Regentschaftsarchitektur. Dafür entfaltete sich die Pracht der fremden Bäume und exotischen Blumen umso mehr. Die Reihenfolge der Gartenhäuser: Westlich (ganz links) das derer von Wiesenhütten, dessen Gelände hinten bis zum Wiesenhüttenplatz reichte, daneben ein kleines Gartenhäuschen an der Mauer; dann das Haus eines gebildeten Herrn: Johann Michael von Loën (1694–1776), Geheimer Rat und Schriftsteller. In diesem Haus haben Goethes Eltern geheiratet, der Park war mit zahlreichen Skulpturen ausgestattet, die im Historischen Museum zu sehen sind. Dann folgen die Häuser der Familien d'Orville, von Bethmann-Metzler, Gontard und Borkenstein. In der Nähe des Untermaintors (hier nicht zu sehen) dann das Haus von Noë du Fay mit Park und am Schneidwall das des Geheimen Rates Anton Maria Guaita, das frühere Gartenlokal Mainlust, das während der 1848er Tage das einzige Lokal in Frankfurt war, wo man, wenn man im Parlament der Paulskirche zu tun hatte, nicht politisierte. Hier gab es guten Wein, es wurde getanzt und dem Frohsinn gehuldigt.

Betula pendula († 1998)

Sandbirke

ehemaliges Güterbahnhofsgelände

Dendrologisches: Charakteristisch für die Birke sind ihr leicht überhängender Wuchs und ihr frischgrüner Austrieb im Mai. Als junger Baum ist sie in ihrem schlanken, geschmeidigen Aussehen weißrindig, später mit schwärzlich rissiger Borke. Der einhäusige Laubbaum sorgt mit Staub- und Stempelblüten in Kätzchenform nach etwa 10 bis 15 Jahren für ausgiebige Samenmengen. Das Blatt ist dreieckig bis rautenförmig, doppelt gesägt, lang zugespitzt und sitzt an dünnen, harzdrüsigen Zweigen. Auch Weißbirke genannt. Die Frucht, eine Nuss, des Windblütlers ist zweiflügelig. Das Blatt ist wechselständig angeordnet, dreieckig, lang zugespitzt, am Grunde keilförmig, kahl.

Bis 1998 stand dieser Baum auf dem Gleisgelände des Güterbahnhofs neben dem Bunker. Wie sie dahin gekommen war, weiß man nicht – durch Samenflug oder Vogelkot, wie auch immer, die Europa-Allee hat beides, Birke und Bunker, beseitigt. Auf dem längst nicht mehr genutzten Gelände hatte der Herausgeber sein „Paradiesgärtlein“. Dort fand er endmoränenhaftes Ausgangsmaterial für seine Kunstobjekte. Wind und Wetter hatten an Fundstücken schon – ähnlich wie an Strandgut – vorgearbeitet.

Der Winkelturm heißt nach seinem Architekten Leo Winkel, es gab zwei Exemplare in Frankfurt, der andere stand im Bereich Elektrizitätswerk an der Gutleutstraße, und beide dienten dem Werkschutz. 275 Personen fanden darin Platz, es gab sieben Stockwerke und der Bau kostete 40 000 Reichsmark.

Ein Bekannter erzählte mir, dass seine Großmutter aus Kriegstagen zu berichten wusste, dass die Engländer den Turm heftig bombardierten, ihn aber nicht kaputt kriegten. Stattdessen entstand durch die abprasselnden Geschosse ein tiefer Graben rundherum, sodass die Leute bei Alarm auf dem Hosenboden herunterrutschen mussten, um dann wieder nach oben zu klettern, um den Eingang zu erreichen.

RISTORANTE CARUSO

Blasenbaum

Koelreutheria paniculata

Alte Mainzer Gasse

Pflanzjahr **1974** Höhe **6,0 m** Kronendurchmesser **12 m** Stammumfang **0,30 m**

Dendrologisches: Im ostasiatischen Raum ist der Blasenbaum mit seiner schirmförmigen, malerischen, oft schiefen Krone beheimatet. Nach 1760 kam er aus China. Als kleinerer Baum mit 6 bis 8 m findet er Verwendung in Parks und hochwertigen Gärten.
Ende Juli schmücken den Blasenbaum 15 bis 30 cm lange aufrechte Blütenrispen, die dann zu den charakteristischen lampignonartigen Kapseln führen. Sehr attraktiv ist die gelbe Herbstfärbung.

Eine Frankfurter Sage erzählt (Helmut Bode) aus den Tagen des 30-jährigen Krieges, dass es in der Alten Mainzer Gasse ein Hexenplätzchen gegeben habe, das sei so gekommen: In einem etwas zurückgelegenen Häuschen wohnten Mutter und Tochter ärmlich, verrichteten Näharbeiten für ihr täglich Brot. Ein Rabe saß meist auf der mütterlichen Schulter, es gab Katzen, ein Bäumchen stand links neben der Eingangstür. Ein junger Schwede aus dem Heer König Gustav Adolfs sah eines Tages die schöne Tochter auf der Straße, ging ihr nach, traute sich anzuklopfen und wurde freundlich aufgenommen. Nach einfacher Kost und nettem Plausch verließ er die gastliche Stätte und versprach wiederzukommen. Doch die Kriegswirren brachten Seuchen sowie Hunger und Armut, und die Menschen wurden missgünstig. Da die zwei Frauen zurückgezogen lebten, boten sie sich geradezu an für teuflische Projektionen. Sie waren an allem Elend schuld: Man redete von den beiden Hexen, der Rabe wurde zum Unglücksvogel, die Katze verzaubere Menschen, das Bäumchen bewege sich. So kam es, dass ein Haufen nachbarlicher Hungerleider vors Häuschen zog und heftig an der Tür rüttelte, so dass Mutter und Tochter um ihr Leben bangten. Gerade noch rechtzeitig kam eine kleine Gruppe schwedischer Soldaten zu Pferde, vertrieb die Meute, rettete die beiden samt Rabe und Kätzchen und ritt mit ihnen davon in Richtung Sachsenhausen. Die aufgebrachten Neider plünderten das „Hexenhäuschen“ und schworen, sie hätten mit eigenen Augen gesehen, wie der Gottseibeiuns und seine Helfer die beiden Hexen abgeholt hätten. Die schwedischen Uniformen seien selbstverständlich nur Blendwerk des Teufels gewesen.

Blauglockenbaum

Paulownia tomentosa

Liebieghaus

Pflanzjahr **1898** Höhe **15 m** Kronendurchmesser **5 m** Stammumfang **2,30 m**

Dendrologisches: Die schnellwüchsige Exotin aus China zeigt eine gegenständige Blattstellung mit breit-eiförmigen, teils schwach 3lappigen Blättern. Sie ist ein prächtiger Parkbaum. Bereits im Herbst – besonders bei älteren Bäumen – ist sie über und über mit bräunlich-behaarten Blütenknospen bedeckt. Im Rhein-Main-Gebiet in geschützter Lage durchaus winterhart, kann es nach Vorfrühlingsfrösten zu Blütenschäden kommen. Mit duftenden violetten Blüten in aufrechter rispenartiger Form im April, Mai ist sie in ihrer Tracht von beachtlicher Schönheit. Diese japanische Variante des Blauglockenbaums (paulownia imperialis) hat Philip Franz von Siebold von dort nach Europa gebracht und der Art den Namen gegeben nach der Tochter des Zaren Paul I., die niederländische Kronprinzessin geworden war. – Nach 1820 aus Korea zu uns kommen.

Das Liebighaus am Mainufer ließ der böhmische Textilfabrikant Baron Heinrich von Liebieg 1896 als Altersruhesitz erbauen. Entworfen hat es der Münchner Architekt Leonhard Romeis. 1907 erwarb die Stadt Frankfurt das Areal und rüstete das Haus zu einem Museum für die städtische Skulpturensammlung um. Später ergänzte sie es durch einen Galerietrakt. Während des Zweiten Weltkrieges wurde das Liebieghaus geschlossen und erst 1955 wieder eröffnet. Im Jahre 1986 wurden wegen der Erweiterung um einen Trakt vier Bäume rund um das Liebieghaus gefällt. 1990 war diese Erweiterung abgeschlossen. Während des Umbaus wurde ein Relief des Matthäus-Evangeliums gestohlen. Ein ahnungsloser Zeitgenosse erstand die Plastik später für 70 Euro auf dem Flohmarkt. Geschätzter Wert: 80 000 Euro. Der Käufer gab die Plastik ans Museum zurück. – Das Museum liegt am Schaumainkai, inmitten eines Gartens, in dem auch einige der Skulpturen der Sammlung stehen. Unter einer kleinen Baumgruppe ist eine Kopie von Danneckers *Ariadne* zu finden. Nach aufwendigem Umbau wurden im Oktober 2009 die neu gestalteten Ausstellungsräume eröffnet.

Die nebenstehende Madonna ist im Liebieghaus zu bewundern: Tilmann Riemenschneider hat sie geschnitzt – natürlich aus Lindenholz, wie die meisten seiner Plastiken.

Blutbuche

Fagus sylvatica L. 'Purpurea'

St. Georgen, Offenbacher Landstraße

Pflanzjahr **um 1850** Höhe **25 m** Kronendurchmesser **28 m** Stammumfang **5,50 m**

Dendrologisches: Im Wald schlank aufrecht, im Einzelstand breit stattlich ist die Rotbuche unser größter Laubbaum. 40 m Höhe erreicht sie problemlos. Das rötliche Holz gibt ihr den deutschen Namen.

Die gemeine grünblättrige Buche wird Rotbuche genannt. Im südlichen Stadtwald sind größere Bestände zu finden. Sie ist ein wichtiger Holzlieferant für die Möbelschreinerei. Diese Blutbuche steht im „St. Georgen Paradiesgarten" und ist im Laufe der „Baum-Arbeiten" der Lieblingsbaum des Herausgebers geworden. In all seiner barocken Kraft in Stamm und Wurzelstock, den stabilen waagerechten ausgreifenden Ästen und im zärtlichen Auslaufen der Astspitzen, wie dieser Baum omnipotent dasteht und so selbstverständlich seinen Platz beherrscht, so dass er jedem, der auch nur ein bisschen bereit ist wiedererkennend zu sehen, ein grenzenloses Staunen abringt.

Blutbuche im Park der Jesuiten *von Harry Oberländer*

Gelassenes Gehen gegenwärtiger
Schritte über den Rasen am Hang
südlich des Mains. Der Baum wächst
hervor aus Vergangenheit
vor diesem, vor deinem Leben.

Der Baum, eine rote Buche,
hoch wie ein Turm, himmelwärts
das gotische Astwerk, Geäst
für ein geräumiges Zelt, Versteck
tagträumender Kinder, weltfremder
Metaphern. Unterm Blätterdach, dem
innen grünen, dem außen roten, ruht
der Gedanke der Subsidiarität sich aus.

Kein Mensch, kein Gott, übernimmt
die Arbeit der Bäume. Die Buche atmet,
wird sein, sterblich dem Licht entgegen,
wenn schon gewesen sein werden
die Schritte durch Laubstreu auf Gras
der Blickfall der Farben.

Als ich das Gedicht zum ersten Mal las, stolperte ich über den Begriff Subsidiarität. Beim nächsten Treffen mit Harry Oberländer fragte ich ihn nach der Bedeutung – so wie mir, wird es vielen gehen, ich weiß nicht, was das ist. – „Subsidiarität (von lat. Subsidium „Hilfe, Reserve") ist eine politische, wirtschaftliche und gesellschaftliche Maxime, die die Entfaltung der individuellen Fähigkeiten, Selbstbestimmung und Eigenverantwortung anstrebt." So Wikipedia am 1. Mai2014 um 16.50 Uhr.

Hängebuche

Fagus sylvatica L. 'Pendula'

Hauptfriedhof, Haupteingang

Pflanzjahr **um 1900** Höhe **22 m** Kronendurchmesser **14 m** Stammumfang **4,50 m**

Dendrologisches: Die hängenden Zweige und der damit bizarre Wuchs machen die Hängebuche zu einer spannenden Variation der Rotbuche. Sie wird nicht ganz so hoch wie die Art. Die Hängeformen sind durch Veredlungen entstanden. Im Frühjahrtrieb frischgrün, im Herbst mit intensiver Laubfärbung, ist das knorrige, bizarre Astwerk besonders in der winterlichen Ruhezeit eines Anblickes wert.

Gemeinsam mit den beiden direkt angrenzenden jüdischen Friedhöfen bildet das Areal an der Eckenheimer Landstraße mit einer Fläche von 70,1 Hektar einen der größten Friedhofkomplexe Deutschlands. Seit Anfang des 16. Jahrhunderts wurden die meisten Toten der Stadt auf dem Peterskirchhof in der Neustadt beerdigt. Nach der Einführung der Reformation war der Peterskirchhof für die protestantischen Toten der Altstadt und der Neustadt reserviert; in Sachsenhausen gab es einen eigenen Friedhof. Der alte jüdische Friedhof gehörte zum Areal der Judengasse, des jüdischen Ghettos, während die wenigen katholischen Toten auf dem zum Dom gehörenden Kirchhof bestattet wurden. Der Peterskirchhof wurde über 300 Jahre lang genutzt und in dieser Zeit mehrfach erweitert. Trotzdem reichte der Platz innerhalb der engen Mauern Frankfurts schon im 18. Jahrhundert nicht mehr aus. Die Zahl der Katholiken war inzwischen wieder soweit gestiegen, dass der winzige Domkirchhof geschlossen werden musste. Die Stadt entschloss sich deshalb, einen neuen, großzügigen Friedhof vor den Toren der Stadt anzulegen. Die Pläne stießen jedoch auf Widerstand in der Bevölkerung. Insbesondere die nach wie vor einflussreichen Patrizierfamilien wollten nicht auf ihre großzügigen Familiengrabstätten auf dem Peterskirchhof verzichten. Auf dem geplanten neuen Friedhof sollten dagegen alle Toten, ohne Rücksicht auf ihren Stand, in Reihengräbern beigesetzt werden. 1821 bestimmte man schließlich ein Areal für den neuen Hauptfriedhof. Um den Widerstand der städtischen Oberschicht zu überwinden, gab man die Absicht auf, alle Toten gleichwertig behandeln zu müssen, und reservierte für die Familienbegräbnisse und Epitaphien großzügigen Raum entlang der Umfassungsmauern. Mit der Planung des Hauptfriedhofs wurden der Architekt Friedrich Rumpf und der Stadtgärtner Sebastian Rinz beauftragt. Rinz legte den Friedhof im Stil eines englischen Landschaftsparks an, 1828 wurde er schließlich eröffnet. Der Friedhof wurde aufgrund der wachsenden Bevölkerung stetig erweitert. Die letzte Erweiterung erfolgte 1952 bis 1957 mit den Gewannen XXI – XXXI zwischen Marbachweg und dem bereits 1928/1929 angelegten Neuen Jüdischen Friedhof.

Chinesisches Rotholz

Metasequoia glyptostroboides

Nizza

Pflanzjahr **1942** Höhe **27 m** Kronendurchmesser **12 m** Stammumfang **1,20 m**

Dendrologisches: Frischgrün vom Frühjahr bis zum Ende der Vegetationszeit, Raschwüchsigkeit und pyramidales Jugendwachstum kennzeichnen das Chinesische Rotholz, ein Sumpfzypressengewächs. In seiner Heimat China bis zu 50 m hoch, hat es in unserem Klima im Jugendstadium einen meterhohen Jahreszuwachs. Wie bei der Sumpfzypresse sind die Nadeln zweizeilig gescheitelt und hellgrün. Der Borkenstamm weist eine bräunlichrote Farbe mit Vertiefungen auf und schält sich in langen Fäden. Unverkennbar sind die kugeligen, gestielten, bis zu 2 cm langen Holzzapfen, die einen braunen geflügelten Samen besitzen. Erst 1941 in China wiederentdeckt.

Lincoln hat auf Drängen von John Muir (1838–1914), Universalgelehrter und Naturschützer, den ersten Nationalpark (Yosemite) gesetzlich geschützt. Der ansonsten im europäischen Sinne wenig geschichtsbewusste, verwöhnte Amerikaner nimmt aus der Weite des Landes sowie Höhe und Alter dieser Bäume seinen Mythos der unbegrenzten Möglichkeiten. Inzwischen gibt es viele Naturschützer, Vereine und jugendliche Zirkel, die sich um den Schutz der Giganten kümmern. Kletterspezialisten besetzen Bäume, die gefährdet sind, und die Hege und Pflege der Nationalparks hat erfreuliche Ausmaße angenommen. Es hat den Anschein, dass seit der Mensch den Planeten von außen (mit Rückkehr der Astronauten) gesehen, ein Umdenken begonnen hat. Nein, keine Beruhigungspille, nach wie vor oder umso mehr gilt es, Gierschlund und Raffke das Handwerk des hemmungslosen Rodens zu legen – Nachhaltigkeit ist angesagt (*siehe auch Seite 147*).

Liste der Bäume im Nizza: Feld-, Davids Streifen-, Berg-, Roter Berg-, Spitz- und Silber-Ahorn, Gewöhnliche und Rote Rosskastanie, Götterbaum, Schlafbaum, Europäischer Buchsbaum, Gewöhnliche Hainbuche, Gewöhnlicher Trompetenbaum, Atlas- und Libanon-Zeder, Katsurabaum, Gewöhnlicher Judasbaum, Kornelkirsche, Hartriegel, Baum-Hasel, Europäischer Perückenstrauch, Weidenblättrige Zwergmispel, Gewöhnlicher Zweigriffeliger Weißdorn, Sämling der Blutbuche, Echte Feige, Gewöhnliche und Blumen-Esche, Ginkgo, Amerikanische Gleditschie, Amerikanischer Geweihbaum, Gewöhnliche Stechpalme, Schwarze Walnuss, Lorbeerbaum, Amerikanischer Amberbaum, Amerikanischer Tulpenbaum, Kobushi-Magnolie, Tulpen-Magnolie, Apfel, Urweltmammutbaum, Parrotie, Chinesischer Blauglockenbaum, Gewöhnliche Schwarz-Kiefer, Gewöhnliche Platane, Bitterorange, Balsam-, Säulen- und Grau-Pappel, Vogel-Kirsche, Kirschpflaume, Scharlach-, Stein-, Trauben-, Säulen-Eiche, Stiel-, Rot- und Kork-Eiche, Mammutbaum, Schnurbaum, Schwedische Mehlbeere, Winter-Linde, Chinesische Hanfpalme, Feld-Ulme.

Chinesische Wildbirne

Pyrus calleriana 'Chanticleer'

Kantstraße, Merianplatz

Pflanzjahr **1981** Höhe **8 m** Kronendurchmesser **7 m** Stammumfang **0,80 m**

 Dendrologisches: „Pirus" war im alten Rom die Bezeichnung für den Birnbaum. Diese Wildart ist in China beheimatet, wächst dort an Flussufern und Wäldern. Bei uns erreicht er eine Höhe von 8 bis 12 m. – Trotz reichhaltiger Blüte im Mai bildet dieser Baum kaum Früchte aus, was ihn als Straßenbaum interessant macht.

Naturdenkmale werden ausgewiesen, um ihre Schönheit, Seltenheit oder Einzigartig-
keit zu bewahren. Aber auch aus wissenschaftlichen, naturgeschichtlichen oder landeskundlichen Gründen werden sie unter Schutz gestellt. Zuständig für die Ausweisung und Pflege der Naturdenkmale ist die Untere Naturschutzbehörde. Das Wort stammt von Alexander von Humboldt, der damit sein Staunen angesichts südamerikanischer Bäume zum Ausdruck brachte. – Die Frankfurter Naturdenkmale sind: Eschersheimer Linde, Eschersheimer Landstraße; Sossenheimer Friedenseiche, Wiesenfeldweg Sossenheim; Preungesheimer Baum- und Kopfweiden, A661 Nähe Ausfahrt Eckenheim; Kastanie am Schäferköppel, Schäferköppel Nieder-Erlenbach; Weißdorn, Hinterhof der Wolfsgangstraße 4; Baum- und Strauchgruppe an der Berger Warte, Berger Warte; Feldgehölz am Fechenheimer Mainbogen, rechte Mainseite in Fechenheim; Ginkgo in Rödelheim, Brentanopark neben dem Petrihaus; Gastränke im Oberwald, Babenhäuser Landstraße Parkplatz vor der A661; Hängebuche auf dem Hauptfriedhof, Eckenheimer Landstraße Hauptfriedhof „Altes Portal"; Hemlocktannengruppe im Stadtwald, Nähe Oberschweinstiege, Stadtwald; Kaisertanne im Stadtwald, zwischen Babenhäuser und Darmstädter Landstraße; Kopfweiden am Berger Rücken, Weichwiesen Bergen; Lindengruppe in Nieder-Erlenbach, Friedhof Nieder-Erlenbach; Platane in Höchst, An der Batterie, Höchst; Rosskastanie von Nieder-Erlenbach, zwischen Nieder-Erlenbach und Nieder-Eschbach; Sausee in Seckbach, Nähe Seckbach an der Kreuzung Gelastraße und Im Trieb; Schlossplatzeiche in Höchst, Eingang Zollhaus Höchst; Schwanheimer Alteichen, nördlicher Stadtwald; Sommerlinden in Niederursel, Eingang Hauptfriedhof Niederursel; Spitzhorn am Fechenheimer Mainbogen, Starkenburgstraße im Fechenheimer Mainbogen; Starkeichen im Stadtwald, Nähe Oberschweinstiege, Stadtwald; Stieleiche in Nieder-Erlenbach, An der Bleiche, Gelände Evangelischer Regionalverband; Stieleiche in Sachsenhausen, Oberer Schafhofweg / Sachsenhäuser Landwehrweg; Stieleiche in Sindlingen, Kreuzung Farbenstraße und Allesina-Straße; Tulpenbäume im Stadtwald, Nähe der Oberschweinstiege, Stadtwald.

Douglasie

Pseudotsuga mensiesii

Louisapark, Sachsenhausen

Pflanzjahr **1925** Höhe **30 m** Kronendurchmesser **14 m** Stammumfang **2,10 m**

Dendrologisches: Die Douglasie ist ein Kieferngewächs aus dem Küstenbereich des westlichen Amerika, von wo sie nach 1820 kam. Im gemäßigten Klima Europas bevorzugt sie küstennahe Gebiete. Ihre Wuchshöhe beträgt in der Heimat bis zu 100 m, bei uns wird sie etwa 30 m hoch. Ihre Rinde ist an jungen Bäumen glatt, graugrün mit vielen horizontalen Harzbeulen, im Alter rissig. Die Douglasie ist eines der anbauwürdigsten Nutzhölzer von forstwirtschaftlicher Bedeutung. – Zerreibt man die Nadeln zwischen den Fingern, kann man ihren wunderbaren Duft wahrnehmen.

Sie heißt, das ist bekannt, nach ihrem Finder und Überbringer David Douglas (1799–1834). Er war Sohn eines schottischen Steinmetzes. Obwohl er nur 35 Jahre alt wurde, gehörte er zu den erfolgreichsten Pflanzenjägern. Ein Typ, wie ihn Jack London später beschrieben, ein kräftiger zäher Muskelmann, dem kein Weg zu lang, kein Hindernis zu groß, keine Anstrengung zu heftig war, ausdauernd allen Katastrophen trotzend. Ob zu heiß, zu kalt, ob Hunger, Durst, Fieber oder eitrige Wunde am Knie, Insektenschwärme oder große wilde Tiere, Feuer oder Regengüsse, Schlammgrube, Felsspalte, Lawinen: einmal ist er samt aller gesammelten „Ernte" mit seinem Kahn gekentert, ein anderes Mal fraßen Ratten die Samen, während er schlief. Geehrt wurde er von den Indianern, die ihn „Grasmann" nannten. Neben der Douglasie hat er die Sitkafichte, die amerikanische Edeltanne, den großblättrigen Ahorn und diverse Kiefernarten nach Europa gebracht.

Mit 28 war er berühmt in der Londoner Gesellschaft, hielt es aber dort nicht aus. Er war empört darüber, dass ein Türsteher mehr verdiente als er und suchte Streit mit denen, die die feinen Klamotten trugen und war außer sich, als er sah, dass Pflanzen, die er 1825 so wohlverpackt nach London geschickt hatte, zerdrückt und von Ungeziefer zerfressen in der Ecke lagen. Er wurde Misanthrop. Douglas musste wieder in die freien Wälder, war aber gegen Ende schwer angeschlagen, auf einem Auge blind, das andere mit Brille geschützt, stürzte er in eine Tierfalle, in der sich ein Stier verfangen hatte, der ihn auf grausame Weise zerfetzte. Man weiß bis heute nicht, ob er aus Neugier oder Unvorsichtigkeit da rein gefallen war oder ob er von Feinden hineingestürzt wurde.

(Hier rechts als Zeichnung von F.W. Bernstein der Baum-Importeur David Douglas.)

Efeu (Altersform)

Hedera helix

Mörfelder Landstraße 214

wächst hier seit 1958

Dendrologisches: Der immergrüne Efeu ist ein Araliengewächs, das am Stamm der Robinie bodenbedeckend ist, aber auch an Mauern mit seinen Haftwurzeln empor klettert. Neben der 3- bis 5lappigen Jugendform tritt im Alter ein Form- wechsel des Blattes ein. Hat nämlich der Efeu im Alter seine Blühreife erreicht, fruchtet er mit schwarzen giftigen Beeren und zeigt die „birnblättrige" Altersform. Fundstellen des Efeus sind aus der europäischen Tertiärzeit bekannt. Durch die Eiszeit war er verdrängt, doch nach ihrer Beendigung trat er mit Eichen und anderen Laubhölzern wieder auf. Er kann ein hohes Alter von 200 bis 300 Jahren erreichen.

Pfarrer Baumann von der Ostergemeinde war so freundlich im Umfeld „Erzählbares" zu erfragen. Dr. Ludwig Schmidt schrieb: „Als wir in die Ostergemeinde kamen, war der Turm fast zur Hälfte mit Efeu bewachsen. [...] Wir hatten uns gern an das Geläut im Laufe des Tages gewöhnt. Nicht so Dackel Stupsi. Er jaulte regelmäßig während des Geläuts. Kirchenvorsteher Schöffel meinte dazu: *Der ist doch ein Atheist!*"

„Im Jahre 1810 kaufte Simon Moritz von Bethmann das Terrain an der Mörfelder Landstraße aus dem Besitz der Stadt. [... Es] wurde nach Bethmanns junger Gattin Louise, geborene Bode aus Amsterdam, *Louisa* genannt. Hochzeit und Ankauf des Geländes fallen in das gleiche Jahr. *Louisa* ist nie etwas anderes gewesen, als ein schlichtes Gartenhaus, gesegnet durch einen schönen Park mit kleinem schilfigem Teich, einem Teehäuschen und einem Badehaus, besonders aber ausgezeichnet durch den Wald, in den sich der Park wie in eine schützende Bucht schmiegt. [...]
Man wäre versucht, von einer Idylle zu sprechen, spürte man nicht auf Weg und Steg, im Garten sowohl als auch im *Forst* Größe und Weite. Vielleicht, daß das historische Moment, das diesen Ort mit allerlei Erinnerung auszeichnet, hier unvermutet mit spricht: war doch Alexander I. von Rußland 1814 auf *Louisa* zu Gast, und ist doch der Name Bethmann mit der Geschichte unserer Stadt verknüpft, wo Frankfurter Geschichte in die Weltgeschichte einmündete. Eine über hundert Jahre alte Erinnerung an diese Zeitläufte geht mit uns, wenn wir auf den stimmungsvollen Wegen dieses Parks uns der Gegenwart entrückt glauben. Zwischen den Stämmchen junger Eichen steht plötzlich ein Rehbock, nahe bei ihm das Reh mit seinem Kitz. Die Bäume des Stadtwaldes rauschen im Frühsommerwind." *Erich Pfeiffer-Belli, 1938*

(„Senckenbergische“) Eibe

Taxus baccata L.

Palmengarten

Pflanzjahr **1800** Höhe **12 m** Kronendurchmesser **3,50 m** Stammumfang **1,80 m**

Dendrologisches: Ein Eibengewächs ist in Strauch- und Baumform zu finden. Eiben sind zweihäusige (diözische) Gehölze, d.h. männliche und weibliche Blüten befinden sich auf getrennten Pflanzen, die erst nach etwa 20 Jahren zu blühen beginnen. Bereits im Herbst werden die sich im Frühjahr, nämlich März und April, öffnenden Blüten angelegt. Schon im Juni lassen sich auf der weiblichen Pflanze grüne, später rote Samen erkennen, die einem von weitem farbenfroh entgegenleuchten. Zu beachten ist der hohe Giftigkeitsgrad aller Teile der Taxus-Arten, ausgenommen der rote Samenmantel (Arillus), der den Inhaltsstoff Taxin nicht enthält. *(Siehe auch nächste Doppelseite.)*

Der Umzug einer alten Eibe sorgte im einstigen Frankfurt für gehörige Aufregung und regte den Einfallsreichtum prosaischer Bürger an. „Ein Eibenbaum stand einsam am Senckenberg hinterm Haus, 300 Jahre lang, da hielt er’s nicht mehr aus. In Frankfurt am Maine kann man jetzt und seh’n, die Bäume geh’n spazieren und die Menschheit bleibt steh’n ... Und denk daran, was die Leute sagten, wie manche jammerten und klagten – der eine laut, der andere ganz beklommen: Wie teuer wird der Baum wohl kommen? Der tücht’gen Männer denk’ ich auch, die treulich hielten an dem Brauch, das Alte, Gute zu erhalten, es ist ein ideales Walten. Drum schenk’, o Himmel, guten Regen und treue Hände, mich zu pflegen!“, wünschte sich Friedrich Stern. Der Umzug der Eibe war aufwendig: 17 Tage dauerte allein der Transport, achteinhalb Wochen jedoch die gesamte Transaktion. Die Vorbereitungen hatten etwa drei Jahre in Anspruch genommen. 1907 begann die Aktion. 7 m auf 9 m und 3,10 m Tiefe maß allein der Wurzelballen. Mit Stockwinden wurde der Baum aus der Erde gehoben und auf Bohlenunterlagen mittels Rollen von zwei Dampfwalzen 3,5 km durch die Stadt geschoben. Die technischen Arbeiten übernahm die Baufirma Philipp Holzmann, die inzwischen pleite ist. Keine leichte Arbeit, denn der Baum wog etwa 900 Zentner. Ganze Straßen blieben tagelang gesperrt, Oberleitungen mussten abgebaut und Kanäle verstärkt werden. Die Kosten der Aktion: Schätzungsweise 20 000 bis 36 000 Mark, eine hohe Summe für die damalige Zeit. Den größten Beitrag brachten Bürger durch Spenden auf. – Die alte Eibe steht heute hinter dem Tropicarium leider etwas eingequetscht, was ihrer eigentlichen Bedeutung nicht gerecht wird.

Eibe

Taxus baccata L.

Obermainanlage

Pflanzjahr **1970** Höhe **4 m** Kronendurchmesser **11 m** Stammumfang **1,20 m**

56 **Dendrologisches:** Die Eibe zählt in Europa zu denjenigen Bäumen, die das höchste Lebensalter erreichen können, die ältesten, vorhandenen Exemplare sind circa 1400 Jahre alt. Sie stellt ein verbreitetes Nadelgehölz mit sehr hochwertigem, hartem Holz.

Johanna Schopenhauer schreibt 1818 vom Rosengarten: „Nichts reizenderes gibt es, 57
als die an der Stelle der demolierten Wälle angelegten Spaziergänge, die wie ein großer Blüthenkranz sich rings um Frankfurt hinziehen. Die Stadt liegt jetzt wirklich mitten in einem ungeheuren Rosengarten, der in diesem Augenblick in voller Blüthe steht. Schöne Bäume und neben ihnen alle Arten inländischer und einheimischer Sträuche bilden duftig-schattende Gänge, welche bald in geraden Alleen, bald in schlängelnden Fußsteigen durch diese großen, an der Schaussee sich hinziehenden Anlagen führen. Sie stehen aller Welt offen und werden doch von allen schonend behandelt; niemand denkt daran, Blumen und Zweige zu brechen. Die unzähligen Nachtigallen, welche im Frühling diesen Blüthenhain beleben, sind leider jetzt verstummt. Eine große Anzahl allerliebster netter Landhäuser liegen wie Pavillions in dem großen Garten zerstreut, umgeben von kleinen Blumengärtchen, und größere, zum Teil prächtige Gebäude – der Sommer-Aufenthalt der reicheren Familien – glänzen nahe und fern aus dicht belaubten Bäumen hervor."

Am 7. Juni 1895 wurde gegenüber des Guiollettgrabs in der Obermainanlage das Denkmal für Schopenhauer aufgestellt. Der Landgerichtsrat Dr. Wilhelm Gwinner, Freund des Philosophen hielt die Rede: „Was einst in Tagen der Missachtung seines Werks in den so von ihm benannten unverschämten Versen prophezeit: *Ein Denkmal wird die Nachwelt mir errichten*, früher als er gehofft, ist es in Erfüllung gegangen, wir stehen vor seinem Denkmal."

(Stiel-)Eiche

Quercus robur L.

Brentanopark, Rödelheim

Pflanzjahr **1770** Höhe **20 m** Kronendurchmesser **20 m** Stammumfang **7,25 m**

Dendrologisches: Eichen sind einhäusige Laubgehölze und haben dem Wind angepasste Blüten. Ihre männlichen Blüten, die Staubblüten, sitzen gebüschelt in fädigen Kätzchen, die weiblichen, Stempelblüten genannt, befinden sich einzeln oder gehäuft am Ende 2 bis 7 mm langer Stiele. Ihre langgestielten Früchte, die Eicheln, bestehen aus einsamigen Nüssen, die vom Fruchtbecher umgeben sind. Bei uns kann der Baum bis zu 35 m hoch wachsen und bei Freistand eine extrem breite Krone ausbilden. Eichenholz ist dauerhaft und fest gegen Klimaeinflüsse.

Seit dem 17. Jahrhundert treibt die Familie Brentano Handel mit Weinen, Gewürzen und Spezereien in Frankfurt und anderen Städten. 1753 gründet Peter Anton Brentano (1735–1797) eine eigene Handelsgesellschaft im Nürnberger Hof. In zweiter Ehe heiratet er Maximiliane de la Roche. Unter den zahlreichen Kindern war auch, außer den beiden literarisch bekannt gewordenen, Bettina und Clemens, Georg (1775–1851). Er führte mit seinem Halbbruder das Geschäft des Vaters weiter und erwarb Anfang des 19. Jahrhunderts Haus und Gelände in Rödelheim von dem Hofrat Detmar Friedrich Basse, der schon Goethe in Sachen Umgestaltung des Anwesens zu Rate gezogen hatte. Bettina schrieb an Johann Wolfgang 1808: „Mein Bruder hat ein Landhaus in Rödelheim gekauft, Du mußt es kennen, da Du selbst den Plan dazu gemacht hast und mit Basse den Bau besorgtest."

Basse wanderte übrigens nach Amerika aus, wie so viele, die sich von der Erklärung der Menschenrechte 1776 und der Unabhängigkeitserklärung 1778 ein Land der unbegrenzten Möglichkeiten versprachen. Im Laufe der Zeit kaufte Georg umliegendes Land dazu, z.B. nördlich der Nidda (Brentano Bad). 1924 übernahm die Stadt Frankfurt das Areal (nach Otto Derreth), 1926 steht im Ausstellungskatalog *Entwicklung der Gärten und Grünflächen in Frankfurt am Main* von 1987. – 1830 schwenkten die beiden Brüder um und handelten „nur noch" mit Geld. Das ist der eigentliche Grund, warum es in Frankfurt so viele Banken gibt, wahrscheinlich auch anderswo … es ging vielen so: Man handelte mit Wein, englischem Tuch, Gewürzen, Posamenten und anderem, als die Truhen in Frankfurt sich mit Münzen füllten – neben den gut betuchten Schränken – und Spahn ansetzten, ergab sich die Frage „Was tun?" Und bei dem Gedanken, irgendein anderer könnte mit ihrem unter Mühen verdienten Geld falsch umgehen, entschloss man sich, selbst Geld mit Geld zu verdienen.

Mit Bedacht stehen gelassene Alteiche als „Heimstätte“ für Käfer, Insekten und anderes Kleingetier.

Auf der Tafel im Foto links: Abbildung eines Gemäldes mit dieser Eiche von Fritz Ferdinand Wucherer (1873–1948), Schüler von Anton Burger, dem Mitbegründer der Kronberger Malschule.

(Stiel-)Eiche (Alteichen)

Quercus robur L.

Schwanheimer Wald

Diese Eichen stehen im Schwanheimer Wald.
Metalltäfelchen auf dem Eichenstamm in Stadtwald (Schwanheim) nach Jahresringen

1618 – 1648	Dreißigjähriger Krieg
28. August 1749	Goethes Geburtstag
1792	Französische Truppen besetzen Frankfurt
1813	Napoleon in Frankfurt
1848	Paulskirche Nationalversammlung
1872	Gründung des Deutschen Reiches
1882	Trockenperiode
1918	Ende des 1. Weltkriegs
1928	Eingemeindung Schwanheims
1945	Ende des 2. Weltkriegs
1970	Fällung der Eiche

Kastanienblättrige Eiche

Quercus castaneifolia

Museum für Angewandte Kunst

Pflanzjahr **1907** Höhe **22 m** Kronendurchmesser **14 m** Stammumfang **2,90 m**

Dendrologisches: An die Esskastanie (Castanea sativa) erinnern die schmalen, gezahnten Blätter dieser ursprünglich im Kaukasus und Iran beheimateten Eichenart. Mit 30 m kann sich dieser Baum zu einem wahren Riesen entwickeln, der nach 1840 aus dem Kaukasus und Persien kam.

Den Betreibern von Baumschulen geht es wie den Medizinern: Alltägliche Aufgabe ist es, Missstände zu beheben, Krankes gesund zu machen und neues Leben in die Welt zu bringen. Aber im hohen Norden machen sich engagierte Leute an das Abenteuer ein Baumschulmuseum in die Welt zu setzen. Motto: Blick zurück nach vorn. Am Sonntag, den 6. September 1992, findet in Ellerhoop/Thiensen eine Veranstaltung statt, die alte Produktionsweisen mit vergangenen Produktionsmitteln zeigt: alte Traktoren, Packmaschinen u.a. Trotz finanzieller Schwierigkeiten gelingt es, mit dranbleibender Hartnäckigkeit am 14. Mai 1994 das Museum mit einer Ausstellung von Fotografien des ehemaligen Halstenbeker Baumschulbesitzers und Fotografen Wilhelm Heins zu eröffnen. Ende März 2001 muss umgezogen werden und zwar nach Pinneberg-Thesdorf in die Packhalle der ehemaligen Baumschule Heinrich Otto. Auch das Problem des Transports der alten großen Packmaschine wird gelöst. Es werden viele Dinge zusammengetragen: Die erste Pflanzmaschine und drei große Blockwagen für Pferdezug. Im Mai 2001 gründet sich der gemeinnützig anerkannte Förderverein Baumschulwesen e.V., und man nennt sich seiner Aufgabe bewusst „Das erste deutsche Baumschulmuseum". Für die Zukunft plant man die Rückkehr zum ersten Ausgangspunkt nach Ellerhoop/Thiensen, in die Nähe des dortigen Gartenbauzentrums und Arboretums.

Deutsches Baumschulmuseum
Halstenbeker Straße 29
25421 Pinneberg
Telefon 04129 / 955 930
Frau Meyer-Schoppa

Klettenfrüchtige Eiche

Quercus macrocarpa

Obermainanlage

Pflanzjahr **1930** Höhe **28 m** Kronendurchmesser **26 m** Stammumfang **4,30 m**

Dendrologisches: Breitkronig und 20 m hoch, mit tiefrissiger schuppiger Borke, fallen bei dieser Eichenart auch die ovallänglichen Blätter auf, die so gar nicht eichentypisch zu sein scheinen. Der behaarte Bechersaum der Frucht ähnelt der Frucht unserer Klette. Heimat dieses Baumes ist die Ostküste Kanadas und Nordamerika, von wo er nach 1860 zu uns kam. Die hiesige Eiche steht in der Obermainanlage neben dem Rechneiweiher.

Josef Pfeiffer (1889–1963) ist ein Frankfurter Original. Besser bekannt unter dem Namen Aal-Pfeiffer, zählte er zu den letzten Mainfischern. Vor diesem Hintergrund wurde ihm 1971 auch am Rechneigrabenweiher ein Denkmal gesetzt, das allerdings umstritten ist. Den Namen Aal-Pfeiffer erhielt der Fischer wahrscheinlich daher, weil er in den ersten Jahren im Schnitt 40 Zentner Aal aus dem Main holte. In seiner Gastwirtschaft „Zum Fischerwinkel" in der Mainfeldstraße in Niederrad bot er den Gästen nach einem geheimen Rezept geräucherten Aal an, der sich großer Beliebtheit erfreute. Aufgrund des Gesetzes „zur Befreiung von Nationalsozialismus und Militarismus" vom 5. März 1946 wird Pfeiffer 1948 in die Gruppe 4 (Mitläufer) eingestuft. Es wird ihm eine Sühne in Höhe von DM 2000 für die Wiedergutmachungsfonds auferlegt, dazu die Kosten des Verfahrens.

Wegen der immer größeren Wasserverschmutzung gab Pfeiffer das Mainfischen Mitte der 1950er Jahre auf und fing an in den städtischen Weihern zu fischen. Es gab Auseinandersetzungen um ihn und sein Denkmal. Einmal wegen seiner Nazi-Vergangenheit, dann hatte er auch mal versucht elektrisch zu fischen, schließlich fühlte sich sein Sohn übergangen, als die Stadt ihm am Wasser ein Denkmal setzte, erst von Claire Bechtel, dann von Michael Siebel: sein steinerner Nachen liegt heute am Ufer.

Korkeiche

Quercus suber

Nizza

Pflanzjahr **1982** Höhe **8 m** Kronendurchmesser **4 m** Stammumfang **0,65 m**

Dendrologisches: Der dicken Rinde dieses im Mittelmeerraum vorkommenden kleinen bis mittelgroßen Baumes verdanken wir das Produkt Kork. – Bei uns ist dieser Baum nur bedingt winterfest. Das abgelichtete Exemplare steht im Nizza, nahe der Untermainbrücke, im Hintergrund das Jüdische Museum Frankfurt.

Dass ihr eines Tages hier in Frankfurt jemand an das begehrte Stammkleid will, ist unwahrscheinlich. An einem der wärmsten Plätze Frankfurts, dem Nizza am Main, kann diese Korkeiche freudig ihre Rinde wachsen lassen, ohne Häutungen zu befürchten. Schon wenige Kilometer flussabwärts könnte mancher Winzer beim Anblick des für unsere Breiten ungewöhnlichen Gewächses andere Phantasien entwickeln und Einiges mit den praktischen Produkten aus seiner Rinde anfangen. „Welche Verehrung verdient der Weltenschöpfer, der gnädig, als er den Korkbaum erschuf, gleich auch den Stöpsel erfand“, schrieb bereits Goethe. Tatsächlich hat die Beschaffenheit der Korkeichen-Rinde Menschen erfinderisch gemacht. Denn das Material ist flexibel und weich, wärme- und schallisolierend, schlecht brennbar und so leicht, dass es auf Wasser schwimmt und es obendrein noch abweist – eben Kork. Dieses wird bis heute nicht nur in der Fischerei als Schwimmer, als Bodenbelag und Dämmstoff oder in der Schuhproduktion verwendet – früher hießen etwa in Ostpreußen Pantoffeln nach ihm, nämlich „Korke“, und die Spanier nennen bis heute ihre Sandalen „Corche“ von corcho (span. Kork). – 70 Prozent der Wertschöpfung aus der multifunktionalen Stammhaut aber werden mit Weinkorken erzielt. Korkeichenwälder findet man im Mittelmeerraum, vornehmlich in Portugal, Spanien und Nordafrika – über die Hälfte der Weltweinkorkproduktion stammt aus Portugal. Dabei brauchen Korkproduzenten Geduld: Erst mit einem Alter von 25 Jahren ist die Rinde dick genug, um sie erstmalig zu schälen. Dieser erste Kork – er wird „männlicher Kork“ genannt, ist aber für die Weinkorkenproduktion zu spröde. Erst die nächste Schicht, der weibliche Kork, auf den es erneut mindestens neun Jahre zu warten gilt, hat die richtige Beschaffenheit, um die mit edlen und weniger edlen Weinen befüllten Flaschen zu verschließen. Alle neun bis zwölf Jahre kann die Korkeiche erneut gehäutet werden. Rund 100 bis 200 Kilogramm Kork produziert ein Baum in seinen rund 170 Jahren Lebenszeit.

Leana-Eiche

Quercus leana

Palmengarten

Pflanzjahr **1761** Höhe **27 m** Kronendurchmesser **18 m** Stammumfang **4,80 m**

Dendrologisches: Diese Kreuzung stammt ebenfalls aus Nordamerika und ist dort mit Ihren Eltern, Schindeleiche und Färbereiche, vergesellschaftet. Sie kann bis 25 m hoch werden hat lange schmale leicht gebuchtete Blätter. – Nach 1850 aus Nordamerika.

Der Palmengarten ist mit 22 Hektar einer der größten Gärten seiner Art in Deutschland. Angrenzend liegt der Botanische Garten. Zusammen mit dem benachbarten Grüneburgpark bilden die drei Gärten die größte innenstadtnahe Grünanlage in Frankfurt. Wie so vieles in Frankfurt ging der Palmengarten auf eine private bürgerliche Initiative zurück. Vor der Eröffnung des Palmengartens im Jahre 1871 wurde 1868 ein Verein gegründet, um die vom damaligen Herzog Adolf von Nassau zum Verkauf angebotenen tropischen Baum- und Pflanzenbestände der Orangerie seiner ehemaligen Residenz für den neuen Park zu kaufen. Der Gartenfachmann Heinrich Siesmayer (siehe dort) war mit dem Verkauf betraut worden und es gelang ihm, den Verein für die Förderung des öffentlichen Verkehrslebens in Frankfurt für die wertvollen Pflanzenbestände zu interessieren. Am 6. Mai 1868 bildete sich ein Komitee zum Erwerb der Biebricher Wintergärten des Herzogs. Eine Aktiengesellschaft wurde gegründet. Leopold Sonnemann, der Gründer der Frankfurter Zeitung, setzte sich mit viel Elan für das Projekt ein. Sehr schnell waren die Aktien für rund 300 000 Gulden gezeichnet, sodass der Park bald eröffnet werden konnte. Als Vorbild für die Gestaltung dienten Siesmayer, die Hallen der Galerie des Machines der Pariser Weltausstellung von 1867 und der Parc des Buttes-Chaumont. Siesmayer blieb bis 1886 Gartendirektor, sein Nachfolger war bis 1923 August Siebert, der zwischen 1905 und 1906 neue große Pflanzenschauhäuser errichten ließ und die botanisch-wissenschaftliche Ausrichtung der Institution verstärkte. (*Fortsetzung Seite 119 und Seite 185.*)

Amerikanische Roteiche

Quercus rubra

Ostpark

Pflanzjahr **1907** Höhe **22 m** Kronendurchmesser **33 m** Stammumfang **5,75 m**

70 **Dendrologisches:** Die amerikanische Roteiche ist schnellwüchsiger, dafür kurzlebiger als die heimische Roteiche. Der nordamerikanische Osten ist ihre Heimat (nach 1620 bei uns eingeführt), die Wuchshöhe beträgt bis 30 m. Ihre Blätter sind deutlich größer und spitzer gebuchtet als bei unserer Eiche. Prachtvoll ist die scharlachrote Herbstfärbung. Sie bildet sehr große Eicheln aus. – Der Baum steht südlich des Ostpark-Weihers.

Wir haben uns im Lauf der Jahre miteinander bekannt gemacht: die über hundertjährige Roteiche im Ostpark und der über 85-jährige Heiner Halberstadt. Der wohnt oberhalb des Ostparks am Röderbergweg. Wo sich jetzt der Park ausbreitet, floss in Urzeiten der Main. Der Röderberghang, oberhalb und parallel zum Ostpark gelegen, ist ein Vulkanausläufer des Vogelsbergs. Einige Millionen Jahre nach der prähistorischen Vulkanzeit verwandelte der Rat der Stadt Frankfurt den Lava-Hand Röderberg in einen Weinberg. Ich erzählte dem Baum, dass – etwa um 1810 herum – ein junger Student namens Goethe in diesem Weinberg mit der Bankierstochter Marianne von Willemer scharmutziert habe. Der Baum nahm diese Mitteilung mit einem leichten Rauschen seiner Blätterkrone zur Kenntnis. Auch heute sind im Park nächtens durchaus deutliche Liebeslaute, mal lauter, mal flüsternd, zu hören. Der Baum berichtete mir, wie Anfang der 40er Jahre sich der Himmel über Frankfurt von den Bränden der Luftangriffe rot färbte und bis zum Kriegsende in Frankfurt im April 1945 Tausende aus dem Osten verschleppter Frauen morgens um sechs, von alten, aber bewaffneten „Volkssturm-Männern" bewacht, von einem Barackenlager am Röderberghang den Ostpark entlang in die Rüstungsfabriken der Hanauer Landstraße zogen. Mein Baum hatte den Krieg und die folgenden Monate ohne Schaden überstanden. Nicht nur Bombensplitter hatten ihn zuvor bedroht, sondern auch illegaler Holzschlag, denn die Winter 1946 und 47 waren sehr kalt. Dann erinnerte mein Baum mich an den Ostermarsch, der sich gegen einen neuen drohenden Krieg formiert hatte. Als der Marsch 1963 im Ostpark pausierte, tanzte ich mit der mit uns demonstrierenden Joan Baez zur Musik der Barrel-House-Jazzband in Sicht- und Hörweite der Roteiche. Der Baum verwies auch gelegentlich auf die große offene Spielwiese zu seinen Füßen. Dort hatten Mitte der 60er Jahre lauthals junge Männer beim Fußballspiel gestritten, weil sie sich öfters nicht über die Spielregeln einigen konnten. Die Spielführer hießen Joschka Fischer und Daniel Cohn-Bendit. Im Laufe der Jahre wurden die große Wiese und die begrünten Randflächen für Neu-Frankfurter aus vielen Ländern der Erde zum Familientreff mit Grill und Ballspiel. Dem Baum gefiel's, auch er war ja in jungen Jahren aus dem fernen Amerika nach Frankfurt gekommen. *Heiner Halberstadt* 71

Quercus robur L. 'Fastigiata'

Säuleneiche

Palmengarten

Pflanzjahr **1759**   Höhe **37 m**   Kronendurchmesser **15 m**   Stammumfang **6,50 m**

Dendrologisches: 15 bis 20 m hohe, schmale Form unserer Stieleiche, sie wird seit 1864 in Deutschland kultiviert. Nach 1790 aus Südeuropa. – Dieser Baum steht im Palmengarten gegenüber dem Café Siesmeyer, und er stand dort schon, bevor es den Plamengarten gab. Er ist der älteste Baum im „geweihten Raum".

Herr von Esebeck hat mich gelehrt, dass alle Säuleneichen nördlich der Alpen von der „Schönen Eiche" bei Harreshausen abstammen (siehe Bild unten). Ursprünglich in den Pyrenäen, Navarra, Kalabrien und Galizien zu Hause, weiß man nicht, wie sie von dort nach Harreshausen, das etwa 30 km südlich von Frankfurt liegt, gekommen ist und sich weiter verbreitet hat („durch ungeklärte Samenvariation" – was immer das auch meinen mag).

Ende des 18. Jahrhunderts erstmalig beschrieben, gilt die „Ursprungs-Säulen-Eiche" als eindrucksvolles und kostbares Naturdenkmal nicht nur in Deutschland. In Babenhausen steht eine schöne Sämlingsnachzucht. Dank umtriebiger Gartengestalter und Landschaftsgärtner hat sich die Art überall in Europa auf vegetativem Wege vermehrt, man ist sich aber immer noch unsicher, ob es Wildformen überhaupt gibt.

Traubeneiche

Quercus petraea

Brentanopark

Pflanzjahr **1770** Höhe **23 m** Kronendurchmesser **20 m** Stammumfang **5,80 m**

Dendrologisches: Zu den größten einheimischen Bäumen, die auch forstlich sehr wichtig ist, zählt die Traubeneiche. Die mächtigsten Exemplare erreichen 45 m Höhe.
Die Eicheln sind an kurzgestielten Trauben angeordnet. Sie zeigt langgestielte, symmetrisch rundlich gelappte Blätter, deren Blattnerven nur in die Spitze der Lappen führen.
In unserer Kulturlandschaft hat dieser Baum eine lange Geschichte. Beispiele sind die Mastwälder und Huteeichen, die teilweise mehrere hundert Jahre alt sind. Dieser Baum steht nebem der Hainbuche im Brentanopark, den Goethe öfters besucht hat, er soll auch bei der Gestaltung beraten haben.

Goethe war dreißig und vier Jahre in Weimar, als er seinen Jugendfreund Fritz Jacobi schmählich vorführte. Dieser hatte anonym einen sentimentalen Briefroman veröffentlicht, der Goethes Zustimmung nicht fand. Im Sommer 1779 machte er sich den Spaß, auf einer Hofgesellschaft unter einer Eiche bei Elfesburg am Hausberg von Weimar aus dem Roman vorzulesen, dann kletterte er auf den Baum, nagelte an beiden Deckeln das Buch an den Stamm, sodass die Blätter im Winde flatterten. Jacobi beschwerte sich in einem Brief vom 15. September über die „schimpfliche und schändliche Execution" – sie war das Ende der Freundschaft.
Amalie Dietrich (1821–1891), aus einfachen Verhältnissen, ausgestattet mit unbändigem Ehrgeiz und grenzenloser Tatkraft, ist geradezu besessen von einer Leidenschaft für die Botanik. Sie verliebt sich in einen Naturforscher, die gemeinsame Tochter wird von ihm missachtet, da er einen Sohn wollte. Amalie lernt bei ihm botanisieren, und er lässt sie schleppen. Eine notwendige Haushaltshilfe wird seine Geliebte. Das zähe Auf und Ab ihres (Un)Glücks – inzwischen hatte sie sich freigeschwommen aus der Abhängigkeit der botanischen Kenntnis – führte sie am Ende zu Cesar Godeffroy, der über ein geldträchtiges Imperium verfügte und als Mäzen die Naturwissenschaften unterstütze. Neben Kopra Handel bringt er deutsche Auswanderer nach Australien – zwischen 1855 und 1866 auf 13 Godeffroy-Schiffen in 26 Fahrten mehr als 11 000. Die Kapitäne sollten unbekannte Pflanzen und Tiere mit zurück bringen. Im zweiten Anlauf mit guten Referenzen wird Amalie Feldforscherin für ihn. 1863–73 sammelt sie in Australien alles, was sie finden kann unter unmenschlichen Strapazen. Zu ihren bewundernswerten Fundstücken gehört auch die nach ihr benannte Akazie (acacia dietrichiana). Völlig unbekannt wäre sie geblieben, wenn ihre Tochter ihr nicht in einem umstrittenen Lebensbild ein Denkmal gesetzt hätte, Amalie Dietrich. Ein Leben. Verarmt stirbt sie 1891 an Lungenentzündung, in der Wissenschaft kaum erwähnt.

Zerreiche

Scheffeleck

Quercus cerris

Pflanzjahr **1920** Höhe **22 m** Kronendurchmesser **16 m** Stammumfang **2,70 m**

Dendrologisches: Auch diese Eiche kann bis 35 m hoch werden, hat eine fast schwarze dickwulstige Borke. Wie bei der schon aufgeführten klettenfrüchtigen Eiche, hat auch die Zerreiche einen stark behaarten, attraktiven Fruchtbecher. Die Eicheln reifen erst im zweiten Jahr nach ihrer Entstehung aus.

Nach 1720 aus Südeuropa gekommen. – Hiesiger Baum steht am Scheffeleck im Anlagenring.

In der *Frankfurter Biographie* (Verlag Waldemar Kramer) lese ich, dass es sich tatsächlich um Josef Victor Scheffel (1826–1886) handelt, von dem wir in der Schule gelernt haben, dass er den *Trompeter von Saeckingen* und den *Meister Ekkehard* geschrieben hat und im 19. Jahrhundert zu den populärsten Schriftstellern in Deutschland zählte. Was hat er mit Frankfurt zu tun? Auch das erfahre ich aus derselben Quelle: 1846 war er erstmals auf der Rückreise von Berlin in Frankfurt und besuchte Städel und Römer. Anfang April 1848 hielt er sich als Legitimationssekretär von Karl Theodor Welcker hier auf, der war badischer Bundestagsbevollmächtigter. Außerdem war er damals auch Mitarbeiter der Frankfurter Oberpostamtszeitung, der Karlsruher Zeitung und der Münchener Fliegenden Blätter und berichtete regelmäßig über die Sitzungen des Vorparlaments und später der Nationalversammlung. Von Frankfurt unternahm er Touren an den Rhein und in den Taunus, sowie eine Reise nach Lauenburg mit Welcker. Ende 1848 verließ er Frankfurt. Er hielt Kontakt u.a. zu dem Literaturhistoriker Conrad Schwenck. Ekkehard erschien erstmalig im Frankfurter Verlag Meidinger & Co, der ging nach sechs Jahren ein, obwohl er vertraglich ein unbeschränktes Verlagsrecht auf 15 Jahre hatte. Ohne Wissen des Autors stellte der Verlag Otto Janke (Berlin) innerhalb der sieben Jahre 1862 bis 1869 sechs Auflagen her. Der folgende Prozess von 1870 endete mit der Übernahme von Metzler in Stuttgart. Johannes Proels von der *Frankfurter Zeitung* war der erste Biograph und Herausgeber seiner *Gesammelten Werke*.

Elsbeere

Sorbus torminalis

Ostpark, Schulgarten

Pflanzjahr **947** Höhe **17 m** Kronendurchmesser **10 m** Stammumfang **2,10 m**

Dendrologisches: Eher selten ist die 10 bis 15 m hohe, kleinkronige , einheimische Elsbeere. Im Altertum wurde daraus ein Heilmittel gegen die Ruhr gewonnen, weshalb sie in einigen Regionen den Name Ruhrbeere trägt. Zudem verfügt sie über ein sehr hartes, hochwertiges Holz.

Der Ostpark ist mit über 32 Hektar der größte der Frankfurter Großgärten. Und er ist als offener Volkspark von Anfang an geplant. Gartendirektor Karl Heicke (1862 – 1938) hat vorherige Planungen 1907 aufgegriffen und bis 1910/11 verwirklicht. Dabei gab es durchaus Widerstände durchzusetzen, diese offene Form (Fußball spielen, Schwimmen im Sommer, Schlittschuh laufen im Winter, Spielplatz, Kiosk, später sogar Wohnen im Container – alles war erlaubt), Heicke selbst war sich nicht sicher, man fürchtete unachtsamen Umgang. Der erweiterte Osten mit Industrie, (Gref Völsings z.B. stand am Ende des Jahrhunderts auf freiem Feld) machte den Frei(zeit)-raum notwendig, man erkannte die Zeichen der Zeit.
Nach dem 2. Weltkrieg war Baden wegen Schlamm nicht mehr ratsam, auch der Kot der Gänse – durch gut gemeinte Überfütterung noch gefördert – hat wenig Einladendes zum Verweilen auf den Wiesen.
Einigen Reiz für Botaniker hat der Schulgarten: Erlesene, alte Bäume, Flora in geordneten Beeten und vielfältige Fauna obendrein. Außerdem haben dort zwei Plastiken von Marita Kaus einen schönen Platz gefunden.
Eine ganz andere Geschichte wäre hierzu noch über Anton Hübler zu erzählen, die allerdings auf Seite 25 zu finden ist …
Vom Endspiel in Berlin 1959 gibt es folgende Anekdote: Bevor es zum Endspiel gegen Offenbach an die Spree ging, hatte Anton Hübler ein großes schräges Beet angelegt (etwa 1,50 m hoch und 15 m lang), auf dem in roten Begonien auf weißem Grund zu lesen war: EINTRACHT FRANKFURT – DEUTSCHER MEISTER, allerdings vor der Abfahrt sorgfältig mit Reisig abgedeckt. Nach üblichem Spielverlauf stand es 2:2, nach Verlängerung gewann die Eintracht 5:3. Mit dem Abpfiff rief der Zeugwart zum nächsten Telefon rief seinen Gehilfen in Frankfurt an und sagte: „Otto mach de Reisisch runner, mer sin Deutscher Meister!“

Alnus glutinosa L.

Schwarzerle

Solmspark, Rödelheim

Pflanzjahr **1940** Höhe **14 m** Kronendurchmesser **9 m** Stammumfang **1,90 m**

80 **Dendrologisches:** Die Blüte der Schwarz-Erle ist einhäusig und wird im März vor dem Blattaustrieb ausgebildet. Männliche Blüten hängen in Kätzchen und sind rötlich, die weiblichen „Blütenzapfen" dagegen stehen aufrecht und sind purpurrot. Die Knospen sind wie bei keinem anderen heimischen Baum gestielt! Anfangs ist die Rinde von rötlich-olivbrauner Färbung, später dann schwarzbraun und längsrissig borkig. Unbegrenzt haltbar ist das Holz des Baumes.

Der Solmspark, in dem das alte Schloss noch zu Anfang des 19. Jahrhunderts stand 81
(heute als Grundriss im dortigen Rasen vom Rödelheimer Geschichtsverein nachgezeichnet zu sehen), entsteht in der ersten Hälfte des 19. Jahrhunderts. Die Wassergräben rund um das baufällig gewordene Schloss wurden zugeschüttet. Das Gelände zwischen „Auf der Insel" und der Spitze, die zwischen Nidda und Mühlgraben entsteht, erlaubte eine großzügige Pflanzung mit heute erlesenen alten Bäumen. 1935 erwarb die Stadt Frankfurt das Areal, 1943 blieben nach dem Bomebenhagel nur noch vereinzelte Mauerreste stehen, an einen Wiederaufbau war nicht zu denken.

Emil Hartmann, Oberstudiendirektor der Klingerschule (1917–1938) und Pionier in Sachen Schullandheimbewegung, schreibt in seinem *Alt-Rödelheim*: „Unter einem Blätterdach von Ahorn und Kastanien geht das Auge den breiten Fahrweg entlang. Hinter flammenden Rotdorn wächst dann aus dem Rasen massig und stolz das Schloß hervor. Nach Süden und Osten erstrecken sich die beiden verschieden langen Flügel und im inneren Winkel des Eingangshofes als schönsten Schmuck der von Säulen getragene Altan. An allen Wänden ranken sich Glycinien und wilder Wein empor. An der Nordostecke steht wuchtig der runde Eckturm. Die Mauern sind unverputzt, weil es auch den Reichen oft mangelte, und manche geplante Verschönerung entfallen mußte. Zu dem rauhen Mauerwerk paßte die ganze Umgebung. Hier ist der Park zum Hain geworden. Die Äste gewaltiger Ahorn und Eichen greifen ineinander und wölben sich in den Kronen über einer reichen Flora in ihrem Schatten. Mit üppiger Pracht hält hier der Frühling seinen Einzug. In selten gesehenen Mengen stehen die Blüten des Lärchensporn, der Anemonen und Veilchen in den Grasteppichen. Umwuchert von dunklem Efeu führt in der Mitte die geteilte Freitreppe zur breiten Terrasse hinauf, die zwischen alten Lebensbäumen hindurch den Blick auf die Wiesen, die Nidda und den Mühlbach freigeben."

Gemeine Esche

Fraxinus excelsior L.

Taunusanlage

Pflanzjahr **1875** Höhe **25 m** Kronendurchmesser **19 m** Stammumfang **3,40 m**

Dendrologisches: In der freien Landschaft erkennt man die Esche als großen Baum mit einer „zerzausten Krone", mit gefiederten Blättern. Sie kann bis 30 m hoch werden. Die Esche ist ein schnellwüchsiger Baum, der Stamm ist grau und längsrissig. Mit tiefgehenden Pfahlwurzeln und weitstreichenden Seitenwurzeln bindet die Esche den Boden. Der sommergrüne Baum mit spätem Austrieb ist gegenüber Buche und Eiche verhältnismäßig kurzlebig. Ihr Holz ist geschätzt für Werkzeugstiele und auch im Instrumentenbau.

Anton Kirchner über Guiollett und den Ausbau der Frankfuter Anlagen in seinen *Ansichten von Frankfurt am Main* (1818):
Schon nach zwei Monden stand die erste Anlage fertig. Sie hatte 700 Gulden gekostet, die Guiollette erst nach längerer Zeit, nicht ohne Mühe und Mahnen, vom Fürsten zurückerhielt. Das freudige Gedeihen der Pflanzung, und der laute Beifall des Publikums, bewogen den thätigen Mann dem Fürsten die Fortsetzung dringend zu empfehlen. Dieser, kein großer Schätzer der Gartenkunst, bewilligte nur mit Mühe zu diesem Endzwecke jährlich achtzehnhundert Gulden. Mit dieser mäßigen Summe entstanden allmählich die jetzigen Umgebungen von Frankfurt. Es ist der Mühe werth, sie im Einzelnen zu durchwandern. Wenn man sich dem Obermainthore links wendet, so trifft man auf ein unscheinbares Gebüsch, welches keinen so reizenden Lustweg vermuthen läßt. Ist man eingetreten, so zeigen sich gleich zwei sanftgebogene Wege. Der Eine links führt durch einen offenen mit mannigfachen Bäumen angepflanzten Hain, wo links eine gut geordnete Verpflanzung den ehemaligen Wollgraben künstlich deckt, rechts aber dem Auge durch hohe Bäume eine herrliche Aussicht nach dem sogenannten Fischerfelde und der entfernteren Gegend bis Hanau bleibt. Gerade vor uns scheint es, wolle das dichte Gehölz uns den Weg versperren, aber bei dem Eintritte in das Gebüsch wird man von einem prächtigen Salon von Hängebirken (Betula alba pendula) überrascht, der ungeregelt und mit Gruppen von Rothtannen (Pinus picea), vermischt ist, die hier eine gute Wirkung hervorbringen. Zur linken Seite zeigt sich dann eine dichte Verpflanzung von seltnen Nadelhölzern, aus welcher auf vier Säulen ein leerer Halbtempel hervorragt. Hier ruht, seinem Wunsche gemäs, der Stifter dieser Anlagen von einem menschenfreundlichen und thätigen Leben aus. Freunde wollen ihm noch ein Denkmal setzen, und Dichter haben mit einer Grabschrift gedroht. Aber Denkmal und Grabschrift stehen ja schon da; stehen an der großen Straße des Lebens, wo täglich hunderte vorüber gehen, und mit gerührtem Herzen den Namen des Geschiedenen lesen.

hr3
hr3

Esche (Pfropfung)

Fraxinus americana

Odeon, Friedberger Anlage

Pflanzjahr **1930** Höhe **23 m** Kronendurchmesser **12 m** Stammumfang **2,60 m**

Dendrologisches: So wie es ein juristisches Deutsch gibt, das sich im Bemühen um abgrenzende Deutlichkeit noch mal prägnanter ausdrückt, so gibt es das auch für Pragmatiker, die unverständlich verbalisieren, worüber sie praktisch verfügen. Z.B. wenn Baumschuler das „Pfropfen" beschreiben. Die Zeichnungen lassen leichter ahnen, was zu tun ist als Formulierungen wie: „Die Pfropfstümpfe sollen pyramidenförmig angeordnet sein, so dass der abgesägte Mittelzweig die Spitze der abgeworfenen Krone bildet, die unteren Seitenäste mit ihren Abwurfstellen entsprechend tiefer stehen."

Das Odeon in der Friedberger Anlage hat eine bewegte Geschichte hinter sich.
Anfang des 19. Jahrhunderts ließ der Frankfurter Bürger und Russische Staatsrat Simon Moritz von Bethmann nach dem Einebnen der Wallanlagen einen großen Landschaftsgarten bei seinem Haus am Friedberger Tor anlegen. Darin stand auf einem künstlichen Hügel ein Pavillon. Berühmtheit erlangte dieser mit dem Einzug der „Ariadne auf dem Pavillon reitend", die auf einem drehbaren Sockel installiert war. Robert Schumann pries die Skulptur, die heute im Liebieghaus untergebracht ist, „als das höchste Ideal einer Frau". Wilhelm von Humboldt sah es 1816 anders: „Gott weiß, dass ich die Magerkeit nicht liebe und die Nacktheit nicht hasse, aber die Ariadne ist zu dick und zu nackt." Mitte des 19. Jahrhunderts erwarb die Stadt Frankfurt einen Teil des Gartens. Der Pavillon wurde zur städtischen Galerie. Einige Jahre später zogen die Bilder aus und das Vergnügen ein: Das Kurhaus Milani wurde zum Treffpunkt der gepflegten Bürgerschaft. Danach wurde es zum „Ballhaus Odeon", wo legendäre Feste gefeiert wurden. Heute residiert dort eine Diskothek.

Amerikanische Weißesche

Fraxinus americana

Ostpark

Pflanzjahr **1957** Höhe **12 m** Kronendurchmesser **12 m** Stammumfang **2,55 m**

Dendrologisches: Merkmale sind die braunen Knospen, die im Blattstiel verborgen sind, die weiblichen Blüten ohne Kronblätter, meist sieben, unpaarig gefiedert, eine rundliche Nuss mit bleibendem Kelch und schmalen Flügeln als Frucht, dazu eine längsrissige Borke. – Nach 1720 aus Nordamerika.

Peter Strege: Ich und die Trauerweide, die Trauerweide und ich waren dabei.
Ohne den merkwürdigen Wuchs des Baums hätte ich das Knie nicht so lässig krümmen können.
Und überhaupt: der Standort des Baumes direkt neben dem über ein kleines Wehr springenden, singenden, plätschernden, stets sich in Eile befindenden Bach. Munteres Bächlein, dieser Liederbach.
Sonntägliche Spaziergänge. Elternwege. Kinderschritte.
Gleich hinter der Straßenbrücke, unter der mein Bach auf Nimmerwiedersehen in der großen Chemiefabrik verschwand, hatten die Baumwurzeln sich ins Ufer gegraben. Waren im Laufe vieler Jahre abgerutscht und versuchten den unsicher gewordenen Stand durch besonders kräftigen Wuchs des unteren, ostwärts gerichteten Astes auszugleichen. So kam es, dass der Hauptstamm, bei circa 45 Grad schräg bis ans andere Ufer ragte, während der Gegengewichtsast etwa 50 Zentimeter über dem Gras parallel über der Uferwiese rund 4 Meter in Richtung Weg gewachsen war.
Parkwege mit Goldsanddecke. Der Rasen durfte nicht betreten werden. Kein Fussball. Flaniermeile. Fahrradübungsstrecke. Wenn auch strengstens verboten.
Bis auf eine Ausnahme. Am Weidenast wurden Verbote übertreten. Das schien erlaubt, wie man am abgetretenen Gras sehen konnte.
Kein Kind, das nicht auf dem tiefen Ast seine ersten baumkletter- oder seiltanzähnlichen Gehversuche gemacht hätte. Wie oft saßen junge Päarchen auf seinem schweren Holz, umschlungen ins quirlende Bächlein schauend. An lauen Abenden und Sommernächten gehörte die rundgewachsene Lehne reiferen Paaren. *(Fortsetzung siehe Seite 195.)*

Kaukasische Flügelnuss (waldartig)

Pterocarya fraxinifolia

Solmspark

Pflanzjahr **1940** erstreckt sich über ca. 250 m^2

Dendrologisches: Ist die Kaukasische Flügelnuss ein mehrstämmiges Einzelexemplar, bietet das „Flügelnuss-Wäldchen" durch seine flächenmäßige Ausdehnung einen Anblick außergewöhnlicher Art. Außer dem eschenblättrigen Laub sind es die herabhängenden Fruchtketten im Juni, die die Kaukasierin alljährlich wirkungsvoll herausstellen. Mit zunehmender Entwicklung erreichen sie oft eine Länge von über 40 cm und sind ein Schmuck bis in den Winter hinein. – Nach 1720 aus dem Kaukasus.

1928 wurde die erste Frankfurter Baumschule (zwischen Frankfurt und Maintal) gegründet, nach 75 Jahren beschloss der Magistrat 2003 das Ende des insolventen Betriebs, auch die Grünen haben dafür gestimmt. Hans Peter Burggraf arbeitete dort 30 Jahre lang, und ihm fiel die Schließung schwer: „Ich hing sehr an diesen Pflanzen!" – Rund 11 000 Bäume (meist Linden, Ahorn, Robinien und Platanen) wurden hier jährlich aufgezogen, die das hiesige Klima gewohnt waren und günstigere Transportwege hatten. Doch die Etats sanken immer mehr, so hatte zum Beispiel das Grünflächenamt in den 90er Jahren noch 15 Mio. DM zur Verfügung, 2005 waren es noch etwa 7,5 Mio. Euro, 2008 schon nur noch 5 Mio. Ähnlich erging es dem Sport- und Badeamt, dem Zoo und dem Palmengarten.

Herr Burggraf hat folgende Bäume in seinen Garten, einer Baumschule „en miniature" übernommen: geschliztblättrige Kastanie, große Seltenheit, schwachwüchsig, leichtüberhängende Krone – Hainbuche mit hängender Kronenform – Säulenform der Eberesche, reicher Fruchtschmuck – Kornelkirche, gelbe Winterblühte, Herbst rote kirchenähnliche Früchte – platanenblättriger Maulbeerbaum – echter Rotdorn, Blühten leuchtend karmesin, 1866 in England in den Handel gebracht – Crataegus lavallei Carrierei, Pflanzjahr 1981, Apfeldorn 1870 in Frankreich entdeckt, schönes dunkelgrünes ledrige, gesundes Laub, tolle gelbrote Herbstfärbung und große sehr attraktive Früchte, die bis zum Frost halten und dann ein begehrtes Vogelfutter sind – Amberbaum, Korkleiste, schöne gelbrote Herbstfärbung – Jungpflanze einer gelbblühenden Kastanie – Rheinischer Bohn Apfel, Hochstamm, gepflanzt 2002, alter, bekannter Wirtschaftsapfel.

Kaukasische Flügelnuss (Einzelbaum)

Pterocarya fraxinifolia

Unicampus Westend

Pflanzjahr **1900** Höhe **22 m** Kronendurchmesser **25 m** Stammumfang **4,80 m**

Dendrologisches: Im sommerlichen Blattschmuck und zur Blütezeit ist sie mit einer Unzahl herabhängender Blütenketten besetzt. Die Knospen der Flügelnuss gehen nackt, ohne Knospenschuppen, in den Winter; zudem bildet der Zweig im Längsschnitt ein gekammertes (gefächertes) Mark aus wie bei der Walnuss auch.
Heribert von Esebeck zeigte sich erfreut, als ich die lang herabhängenden Blütenstände „Schmuckschaschlik" nannte.

Das neoklassizistische IG Farben Hochhaus, von Hans Poelzig entworfen, ist zwischen 1928 und 1931 erbaut worden. Die Innenausstattung entwarf Marlene Moeschke-Poelzig, den 14 Hektar großen Park hat unter anderen auch Max Bromme mitgestaltet. – Bob Dylan hatte sich einst geweigert, auf dem Reichsparteitagsgelände in Nürnberg aufzutreten. Nur das Argument, dass es notwendig sei, gerade diese dunkel belasteten Orte wieder mit menschlich wertvollen Vorstellungen zu besetzen ohne das Erbe zu vergessen, konnte ihn umstimmen, was auch bedeutet, das Feld nicht den Rechten zu überlassen. Ähnlich verhält es sich mit dem IG Farben-Bau: Der großartigen Architektur und der erfolgreichen Weltwirtschaft des Chemiekonzerns steht die unheilvolle Kooperation mit den Nationalsozialisten gegenüber – Massenmord, Zwangsarbeit, Produktion und Anwendung von „Zyklon b".
1904 fanden die ersten Zusammenführungen der unterschiedlichen Chemiewerke statt. Carl Duisberg hatte in Amerika die dortigen Verhältnisse kennengelernt. Der Erste Weltkrieg machte ein Zusammenrücken notwendig, an Stelle von Teer, Farben und Pharma traten Waffen und Kriegsproduktionen. Die Arbeiter mussten in den Krieg. 1925 unterschrieben neun chemische Fabriken einen Vertrag für Zusammenarbeit, 1926 betrug das Stammkapital 1,1 Milliarden Reichsmark. – Nach dem Zweiten Weltkrieg übernahm die amerikanische Militärregierung den Bau. Am 11. Mai 1972 detonierte eine Bombe der RAF, es gab 13 Verletzte und ein Oberstleutnant starb. Seit 2001 beherbergt der stattliche Bau große Teile der Johann-Wolfgang-Goethe-Universität.

BAUMKONTROLLE
F GA 597

Geweihbaum

Gymnocladus dioicus

Sulzbachtal

Pflanzjahr **1976** Höhe **18 m** Kronendurchmesser **12 m** Stammumfang **0,95 m**

92 **Dendrologisches:** Die grobverzweigte, geweihähnliche Aststellung und das Fehlen von Nebentrieben gaben ihm den gebräuchlichen Namen Geweihbaum (gymnocladus = nacktzweigig). Seine unscheinbaren grünlich-weißen Blüten sind zweihäusig oder vielehig und endständig angeordnet. Im Herbst überrascht er mit seiner goldgelben Laubfärbung. Der Stamm ist graubraun, rissig, das Holz schwer, dauerhaft mit rundem, rötlichem Mark. Nach 1740 aus Nordamerika.

Ein Frankfurt-Führer erzählt: Bei einer meiner Führungen durch Frankfurt (80 Ban- 93
kiersgattinen) war die letzte Station das Willemer-Häuschen: „Hier oben saßen Marianne von Willemer und Goethe im Oktober 1814. Man feierte einjähriges Jubiläum des Sieges über Napoleon bei Leipzig. Die Stadt war hell erleuchtet und ein Lichtermeer soll sich bis zum Taunus erstreckt haben. Der Ginkgo, den sie hier sehen, stand damals noch nicht, der ist erst nach dem Zweiten Weltkrieg gepflanzt worden. [...] Was mich dabei interessiert, ist das Phänomen der Genies und ihrer Liebschaften. Genies sind bekanntlich Menschen, die im Kindesalter schon wissen, womit sie später berühmt werden; Goethe z.B. verfasste sein erstes Gedicht mit acht, mit 16 sprach er sieben Sprachen. Oder, als Picasso 14 war, hat sein Vater – selbst Maler – Palette und Pinsel zur Seite gelegt und die Malerei fortan seinem Sohn überlassen. Diese Genies haben schnell Erfolg in der Gesellschaft, und von der Damenwelt werden sie angehimmelt. Egal, ob die Frauen verheiratet sind, meinen sie, man müsse stets sein Glück versuchen. Frau Willemer war verheiratet und zwar mit einem sehr honorigen Bankier, Johann Jacob von Willemer, der viel als Mäzen und Stifter für Frankfurt getan hatte. Dass Marianne und Wolfgang hier oben gesessen, finden wir in jeder entsprechenden Biographie, was Herr Willemer in dieser Zeit gemacht hat, werden wir nie erfahren. Auch wie er darüber gedacht hat, bleibt Spekulation. Nun gab es in Frankfurt noch eine verheiratete Bankiersfrau, Suzette mit Namen, der große Schwarm Hölderlins, der bei der Familie Brentano Hauslehrer war. Da wissen wir wenigstens, dass die Haushälterin die Liebschaft dem Bankier hintertragen, worauf dieser Hölderlin hochkant rauswarf. Die leidenschaftliche Zuneigung mit unglücklichem Ausgang hat ebenso große Liebesgedichte hervorgebracht, wie die Herzensnähe zwischen Goethe und Marianne. Mich würde interessieren, wie Sie darüber denken, und fragen Sie doch mal Ihre Männer, was sie dazu sagen. Was mich betrifft, weiß ich, dass ich als Ehemann ganz schön eifersüchtig wäre, als Genie aber meiner inneren Stimme gehorchen müsste."

Ginkgo „Fächerblattbaum“

Ginkgo biloba L.

Nizza

Pflanzjahr **1895** Höhe **21 m** Kronendurchmesser **9 m** Stammumfang **0,90 m**

Dendrologisches: Der Ginkgobaum ist ein zweihäusiger Baum, dessen unscheinbare Blüten auf getrennt stehenden Exemplaren zu finden sind. Sie entwickeln sich im Mai an Kurztrieben und werden leicht übersehen. Selten ist mit einem Blühen und Fruchten vor vierzig Jahren zu rechnen. Die weibliche Pflanze setzt im Herbst ihre gelben mirabellenähnlichen Samen, die der Steinfrucht, mit fleischiger Außenschicht in großer Zahl an. (Nach 1750 aus China). Im Frühjahr hellgrün, im Sommer dunkelgrün, zeigt sich der Baum im Herbst in einer wunderschönen goldgelben Verfärbung.

Engelbert Kaempfer (1651–1716), Pfarrerssohn, aus bildungsträchtigem Hause, studierte Medizin mit pharmazeutischem Interesse. Auf Umwegen über Schweden kam er als Sekretär eines schwedischen Gesandten nach Persien und gelangte schließlich als Arzt mit einer niederländischen Handelsgesellschaft nach Japan (1690), wo er als Europäer sich nur auf der kleinen künstlichen Insel Dejima aufhalten durfte. Kaempfer sammelte alles, dessen er habhaft werden konnte, unter anderem ein Buch des japanischen Gelehrten Nakamura, wo er auch den Ginkgo beschrieben fand. Wie es zu dem umstrittenen Schreibfehler (Ginkgo statt Gingko) gekommen ist, weiß man nicht, aber Kaempfer hat die Kunde vom Ginkgo 1692 nach Europa gebracht, den es vor der Eiszeit hier schon mal gab, der aber hier erfroren war und in China überlebt hatte. Wahrscheinlich ist ein Sämling aus Utrecht der erste Ginkgo hier „geworden“. Zwanzig Jahre brauchte er im Topf und in warmen Räumen, um hier zu überleben.

Man kannte sich unter den botanisch Interessierten in Habke bei Helmstedt, Mannheim, Kassel (Schloss Wilhelmshöhe) und Dresden. Dort war der seit 1778 Dresdener Hofgärtner Seidel bekannt geworden, er hatte in Kew Garden in den 1750er Jahren den Ginkgo gesehen und soll die ersten in Dresden unterhalb der Brühlschen Terrassen gepflanzt haben.

Es gibt viele Spekulationen, von welchem Ginkgo Goethe die zwei Blätter her hatte, die er mit dem Gedicht *Gingo Biloba* (Dieses Baum's Blatt, der von Osten / Meinem Garten anvertraut, / Gibt geheimen Sinn zu kosten, / Wie's den Wissenden erbaut ...), das er in der Gerbermühle verlas, Marianne von Willemer überreichte: Von dem am Petrihäuschen, von dem im Bethmannschen Garten am Friedberger Tor oder aus dem Salzwedelschen Garten neben dem Metzlerpark in Sachsenhausen. Vieles spricht für Letzteres.

Gleditschie „Lederhülsenbaum“

Gleditsia triacanthos L.

Ostpark

Pflanzjahr **1927** Höhe **20 m** Kronendurchmesser **12 m** Stammumfang **2,30 m**

Dendrologisches: Nach dem Berliner Botaniker Johann Gottlieb Gleditsch ist dieser imposante Laubbaum benannt. Fein gefiederte Blätter, die mahagonifarbenen langen Hülsenfrüchte und die teilweise imposante Bedornung sind die Hauptmerkmale dieses um 1690 aus Nordamerika kommenden Baumes. Sein Verbreitungsgebiet sind die Staaten des mittleren Noramerikas, wo sie vereinzelt auftritt. Er ist ein Verwandter der Hülsenfrüchtler. Die unauffälligen grünen männlichen und weiblichen Blüten entfalten sich im Juni, Juli an länglichen Trauben. Das Blatt ist unpaarig einfach oder doppelt gefiedert. Der Stamm hat eine rotbraune, später grün-braune Rinde, die mit mehrspitzigen (meist drei), stark abgeflachten Stammdornen besetzt ist. – Dieser Baum steht auf der großen Wiese an der Nordseite des Ostparks.

Johann Gottlieb Gleditsch (1714–1786) studierte Philosophie und Medizin in Leipzig, sein Botaniklehrer war J. E. Hebenstreit, den er als Botaniklehrer schon mit 17 Jahren vertrat. Dann ging er nach Annaberg zu Dr. Haenel, der dort eine Arztpraxis hatte, 1737 nach Berlin ans Collegium medido-chirurgicum, 1744 wurde er ordentliches Mitglied der Berliner Akademie der Wissenschaften, 1746 Direktor des Botanischen Gartens. Als ihn ein Ruf nach St. Petersburg (2000 Rubel) erreichte, legte Friedrich der Große 200 Reichstaler oben auf und er blieb. 1749 machte ihn sein „Berliner Experimet“ bekannt: Er bestäubte mit dem Zweig einer männlichen Dattelpalme die Blüten einer weiblichen, die noch nie Früchte getragen hatte, die wenig später erstmals Früchte trug und konnte so die zweigeschlechtliche Vermehrung von Pflanzen nachweisen. Außerdem kümmerte er sich grundlegend um Forstwissenschaft, das Gesundheitswesen, hatte öffentliche Lehrämter inne, war Aufseher im Naturalienkabinett und führte naturwissenschaftliche Korrespondenzen, unter anderen mit Linné. Gleditsch galt als großer Lehrer. Die Botanische Zeitung aus Berlin namens *Gleditschia* ist nach ihm benannt.

Vor 1883 gab es 19 Storchennester in Frankfurt, danach gab es noch sechs, so in der Großen Eschenheimer Straße 10 (bis 1889 bewohnt), Frankfurter Straße 90 in Oberrad, Kirchplatz 5 in Bockenheim und eines zwischen Ginnheim und Praunheim. Die Kanalisation von Main und Nidda und die elektrischen Freileitungen haben den Störchen den Lebensraum entzogen.

Götterbaum

Ailanthus altissima

Taunusanlage, Marshall-Brunnen

Pflanzjahr **1920** Höhe **25 m** Kronendurchmesser **20 m** Stammumfang **3,00 m**

98 **Dendrologisches:** Die wechselständigen Fiederblätter des Götterbaumes mit eschenähnlichem Laub führen mitunter zu Verwechslungen. Ein sicheres Merkmal zur Unterscheidung der meist unpaarig gefiederten Blätter sind zwei gut erkennbare Drüsen, die sich beiderseits des Mittelnervs an der Basis des Fiederblattes befinden. Es besteht aus etwa 20 Blattpaaren mit einer Länge von oft 50 cm. Die Blüten sind polygam, also vielehig, aber auch zweihäusig. Die kleinen grünlichen Blüten stehen endständig an breitverzweigten Rispen und entwickeln sich nach dem Blattaustrieb im Juli. Nach etwa 5–10 Jahren setzt die Blütezeit ein. Die Früchte (Nüsschen) sind zu Dutzenden in Büscheln vereinigt und werden im Herbst sichtbar. Der breitkronige, sommergrüne Baum hat eine glatte Rinde mit weißen Längsstreifen. – Nach 1760 aus China.

Der Marshall-Brunnen gegenüber der Alten Oper hat eine wechselvolle Geschichte 99
hinter sich, die nicht immer rühmlich war. Den Namen verdankt der Brunnen George Catlett Marshall, ehemaliger Generalstabschef, Außen- sowie Verteidigungsminister der USA. Er schuf den Marshall-Plan, der mit 13 Milliarden Dollar ausgestattet war und den Ländern Europas nach dem Zweiten Weltkrieg wieder wirtschaftlich auf die Beine helfen sollte. Auch Deutschland profitierte sehr davon. Frankfurt setzte Marshall aus Dankbarkeit mit dem Brunnen ein Denkmal. Den Beschluss dazu fasste die Stadtverwaltung 1962, den Wettbewerb gewann der Entwurf des Münchner Kunstprofessors Toni Stadler: Ein Brunnen, geziert von drei Frauenkörpern, die Grazien darstellen. Am 27. Oktober 1963 wird der Brunnen eingeweiht, zur Feier in der Paulskirche ist auch Marshalls Witwe Katherine mit Tochter eingeladen – und sie kommen. Aber der Brunnen gefällt nicht jedem: Wütende Bürger kippen Wasch- und Spülmittel in das Wasser, so dass der Brunnen knapp einen Tag nach der Feier schäumt, was das Zeug hält. Eine wahre Leserbrief-Schlacht entbrennt. Später wird der Brunnen auch mit Ölfarbe beschmutzt – 1970 ist er dann ganz weg. Die drei Grazien wandern ins Städel. Im August 1981 steht der Brunnen wieder an seinem alten Platz. Aber statt der 50 kleinen Quellen im Rand verfügt er nur noch über eine kleine Hauptfontäne – auch um mögliche Schaumattentate zu verhindern.

Carpinus betulus L.

Gemeine Hainbuche

Brentanopark

Pflanzjahr **1900** Höhe **16 m** Kronendurchmesser **12 m** Stammumfang **1,80 m**

Dendrologisches: Im Juni bildet sich die Blüte der Hainbuche, die einhäusig verteilt ist. Männliche Blüten hängen in Kätzchenform, weibliche sind dagegen endständig in lockeren Kätzchen von 3lappigem Hochblatt umgeben. Die Zweige des Baumes zeugen von schwarzgrau, einjährige Bäume dagegen von olivbraun mit anliegenden Seitenknospen. Ungleichmäßige oder doppelte Sägung, sowie eine Länge von bis zu 10 cm kennzeichnen die Blätter. Ein geripptes Nüsschen wird von einer Fruchthülle umgeben. Der gedrungene knorrige Baum von urwüchsiger Kraft zeigt am Fuß des Stammes einen auffällig starken Wurzelanlauf. Der Stamm selbst ist seilartig gedreht mit glatter Rinde, etwas silbrig und spannrückig. Flach ausgebreitet und weit über die Krone hinaus reicht das Wurzelsystem.

Die Herbstfärbung der Hainbuche ist gelb und hält lange bis zum Frühjahr. Das Holz ist das härteste unter den heimischen Nutzhölzern

Carl Fellner, der letzte Ältere Bürgermeister der Stadt Frankfurt, findet nie Erwähnung, weil er sich an einer Kastanie erhängt hat.

Eigentlich war er ein allseits geschätzter Handelsmann, aufrecht und integer, der über finanztechnische Verwaltung zur Politik gekommen war für Regierungsgeschäfte zu anständig, sagte man.

In den Auseinandersetzungen von 1866 mit den Preußen war er nicht grundsätzlich gegen eine Annexion wie der ungleich größere Teil Frankfurts: Die sogenannten „Musspreußen“ (allen voran Friedrich Stoltze). Fellner versuchte zu vermitteln. Sein Bemühen scheiterte an den überzogenen Geldforderungen: Die erste Forderung von 5,5 Millionen Gulden überwies er sehr schnell, die darauf folgenden Forderung von 25 Millionen wollte er in Ratenzahlungen abstottern. Die zuständige Frankfurter Vertretung lehnte das aber rundweg ab, was in Berlin als Kampfansage interpretiert wurde, und man verlangte von Fellner Namen und Besitzverhältnisse der städtischen Körperschaften. Der einzige Ausweg aus dieser Not zwischen Selbstvorwurf, die erste Summe zu prompt bezahlt zu haben und nun auch noch Frankfurter Bürger verraten zu müssen, sah er im Suizid. Am 24. Juli 1866 erhängte er sich in seinem Garten (Seilerstraße 8). An Stelle der Kastanie liegt heute eine Gedenkplatte in der Friedberger Anlage zwischen Zeil und Rinz-Denkmal.

Obwohl der Familie von preußischer Seite die Veröffentlichung des Begräbnisses verboten war, folgten mehr als tausend Menschen seinem Sarg.

Hemlocktanne

Solmspark

Tsuga canadensis

Pflanzjahr **1959** Höhe **12 m** Kronendurchmesser **8 m** Stammumfang **1,30 m**

102 **Dendrologisches:** Gehört nicht zu den Tannen. Reizvoll sind die grünen, später bräunlichen ungestielten kleinen Zapfen, die das Nadelgehölz mit grau-brauner Rinde und reichem Fruchtbesatz leicht erkennen lassen. Ihre Nadeln sind bis 14 mm lang. In Nordamerika und Asien zu Hause, kommt sie gegen Ende des 17. Jahrhunderts nach Europa, wo sie auch heute noch vereinzelt zu finden ist.

1356 genehmigt Erzbischof Gerlach von Mainz den Neubau einer Kapelle in Rödel- 103
heim. Die Burgherren entscheiden sich für einen der 14 Notheiligen, den römischen Märtyrer Cyriakus. 1544 führt Graf Friedrich Magnus zu Solms in Rödelheim die Reformation ein. Ab 1545 amtiert als erster evangelischer Geistlicher Georg Brandau in der Cyriakus-Kirche. 1817 schließen sich Lutheraner und Reformierte zur evangelischen Union zusammen. 1818 lässt sich Ludwig Börne darin taufen, 1850 heiratet dort Karl Grutzkow, die Tochter des Rödelheimer Druckereibesitzers Lehrberger. 1943 zerstört ein Bombenanschlag die Kirche, 1951 weiht der Kirchenpräsident Martin Niemöller den Neubau mit einem Gottesdienst ein.

1984 fragte ein Journalist den Leiter der Praunheimer Werkstätten Peter Lenig, wie im Märchen, wenn er drei Wünsche offen hätte, was er sich dann wünschen würde. Er antwortete: „Erstens mehr Verständnis für Behinderte in der Öffentlichkeit, zweitens einen Wald und drittens einen Bauernhof!" Der Zufall wollte es, dass der damalige stellvertretende Leiter des Forstamtes das Interview in der Zeitung las. Er gab Zeichen und bot das Gelände des Louisaparks an der Mörfelder Landstraße den Werkstätten zur Nutzung an. Als ich das erfahren hatte, fragte ich telefonisch nach, ob die Kooperation heute noch bestünde. Frau Heep bejahte das nicht nur, sondern schickte mir einige Nummern des Jahresmagazins Standpunkt, durch die ich von dem erfolgreichen Aktivitäten vor Ort erfuhr: der Baumklettertag, ein Kreativworkshop im Wald mit Malen, Schreiben und Theaterspielen, außerdem Kunst auf der Louisa. Dazu kommen die alltäglichen Räumungs- und Pflegearbeiten – raus aus dem Alltagsleben, rein in die Natur. Ein idealer Ort, um zur Ruhe zu kommen, Seele baumeln lassen und Natur genießen (wenn nur die zahlreichen Flugzeuge nicht wären). Soweit die Referentin der Öffentlichkeitsarbeit.

Hopfenbuche

Ostrya carpinifolia

Friedberger Anlage

Pflanzjahr **1970** Höhe **13 m** Kronendurchmesser **10 m** Stammumfang **1,10 m**

Dendrologisches: Aus der Balkangegend stammt die Hopfenbuche, die trockene sommerwarme Berghänge als Naturstandort bevorzugt. 15 m Höhe sind bei dieser Baumart die Durchschnittsgröße. Die Blätter sind von der Form her leicht mit der Hainbuche (Carpinus betulus) zu verwechseln. An Hopfenähren erinnern auch die 6 cm langen Fruchtstände die Spätsommer erscheinen. – Dieser Baum steht in der Friedberger Anlage nahe dem Odeon.

Carl von Linné (1707–1778), 1757 geadelt, war Pastorensohn und sollte seinerseits Pastor werden. 1727 studierte Linné zunächst Medizin an der Universität Lund, dann in Uppsala. Der naturforschende Theologe Dr. Olaf Celsius nahm sich des mittellosen Studenten an und stellte ihm seine Bibliothek zur Verfügung. Aus Dankbarkeit unterrichtete Linné seinen Sohn in Botanik. Eine Forschungsreise nach Lappland fesselte ihn, er schrieb Tagebuch und sammelte Pflanzen. 1732 kehrte er zurück mit seiner

Flora Lapponica. Linné promovierte in Holland und war zwei Jahre Kurator im Botanischen Garten Hartekamp. Dort vollendete er sein binäres System (Art und Gattung in lateinischer Nennung), das ebenso einfach wie ungewöhnlich ist. Über England kam er zurück nach Schweden, wurde Professor der Anatomie in Uppsala, wechselte dann zu Botanik, Pharmakologie und Naturwissenschaften. Aus ganz Europa kamen Studenten zu ihm, anfangs 500, nach kurzer Zeit verdreifachte sich die Zahl, und er schickte sie in die Welt, um Pflanzen zu sammeln, auch konnte er mit ihnen tanzen und feiern.

Seine Großtat blieb es, das sprachliche Chaos der botanischen Benennungen bereinigt zu haben – und wir stellen ihn uns mit zufriedenem Gesichtsausdruck vor, wie hier in der Zeichnung von F. W. Bernstein.

Judasbaum

Cercis siliquastrum († 2005)

Fried-Lübbecke-Platz

Dendrologisches: Ende April, Anfang Mai sorgt der schönblütige Judasbaum für ein farblich reizvolles Bild.
Die Schmetterlingsblüte erscheint vor dem Austrieb der Blätter in violett-roter Farbe. Arteigenheit des Großstrauches ist es, dass sich die Blütenpracht unmittelbar aus dem alten und jungen Holz entfaltet und als „Stammblütigkeit" bezeichnet wird. Die nierenförmigen, vorn abgerundeten bläulich-grünen Blätter sind am Grunde tief herzförmig und rotgestielt. Sie erinnern an die Blattform des Alpenfeilchens. Im Herbst schmückt sich der Blütenstrauch mit ledrigen, später braunen Hülsen, die bis in den Winter haften bleiben. – Nach 1580 aus dem östlichen Mittelmeergebiet.

Friedrich Lübbecke hat sich um die Frankfurter Altstadt, ihre Geschichte und deren Erhalt große Verdienste erworben. Dabei stammt Lübbecke gar nicht aus Frankfurt. Geboren wurde er 1883 im elbischen Wittenberge, fuhr nach der Schule zunächst zur See, machte später sein Abitur und studierte Theologie und Kunstgeschichte in Tübingen, München und Bonn. 1908 promovierte er über die gotische Kölner Plastik. Nach seiner Heirat zog er nach Hanau, wurde aber als Assistent an die Städtische Galerie Frankfurt geholt. Später wohnte er lange Zeit in Frankfurt und erwarb sich einen Ruf als Buchautor (Frankfurter Baudenkmäler). 1919 wurde er Leiter der Kunstmesse in Frankfurt. Er gab den Anstoß für viele Ausstellungen im Römer. Lübbecke veranlasste die Sanierung von Fachwerkbauten und engagierte sich für in Not geratene Altstadtbewohner und deren Kinder. All diese Aktivitäten brachten ihm den Ehrentitel „Altstadtvater" ein. Nach 1933 konnte er seine Arbeiten zunächst weiterverfolgen, so die Freilegung der Ratgeb-Fresken im Karmeliterkloster. Während Konflikten mit NS-Vertretern wurde er von OB Krebs gedeckt und setzte sich für verfolgte jüdische Mitarbeiter ein. Nach dem Zweiten Weltkrieg wurde er der Stadtkanzlei zugeteilt und mit der Vorbereitung des Wiederaufbaus der Paulskirche und der Jahrhundertfeier der Nationalversammlung im Jahre 1948 beauftragt. Lübbecke arbeitete, entgegen den Plänen der Stadtverwaltung, für eine partielle Restaurierung der Altstadt. 1947 ließ er sich in den Ruhestand versetzen, war aber weiter sehr aktiv als Vortragsreisender und Autor zahlreicher Artikel zur Frankfurter Geschichte.

Edelkastanie

Castanea sativa

Oberursel, Villa Gans

Pflanzjahr **um 1900** Höhe **18 m** Kronendurchmesser **15 m** Stammumfang **3,50 m**

Dendrologisches: Die aus Südeuropa stammende Esskastanie, auch Marone genannt, kann an geeigneten Standorten bis 30 m hoch werden. Sie wurde von den Römern hier eingeführt; es gibt in Deutschland größere Bestände die forstlich genutzt werden. Neben seiner schmackhaften Frucht wird auch das der Eiche ähnliche Holz gerne verwendet. Eine Auffälligkeit sind die auf derselben Pflanze auftretenden getrennten Blütenstände. Während die weibliche Blüte eher unauffällig ist, stechen die männlichen aufrechten, stark riechenden, gelben Blüten deutlich hervor. Das bis 20 cm lange, schmale Blatt ist am Blattrand mit weichen Spitzen versehen und bekommt eine gelbe Herbstfärbung.

Ludwig Wilhelm von Gans (1869–1946) war der jüngere Sohn von Friedrich Ludwig, genannt Fritz (seit 1912 adelig), dessen Bruder Leo den *Lastenträger* auf der Friedensbrücke, den *Sämann* im Günthersburgpark (beide von Meunier) und den Märchenbrunnen am Schauspielhaus von Hausmann der Stadt gestiftet hatte. Ludwig Wilhelm hatte 1895 seine Eltern beglückwünscht, endlich die evangelische Religion ihrer Kinder angenommen zu haben. Gegen Ende des 19. Jahrhunderts hoffte die jüngere jüdische Generation, sich durch den Übertritt zur christlichen Religion in das neue deutsche Bürgertum zu integrieren – die Älteren sollten mit ihren Bedenken Recht behalten. – Ludwig bekam Schwierigkeiten mit seinen Vettern Carl und Arthur im Cassella-Unternehmen, worauf er seine eigene Firma gründete, die Pharma Gans. 1910 zog er nach Oberursel, 1911 hat er das pharmazeutische Institut aufgebaut, 1912 zog auch die Pharma Gans nach Oberursel. Während des Krieges hatte er zwar viel Geld verdient, dann gab es aber einen Patentstreit mit Cassella bzw. IG-Farben und um die Insulinproduktion – schwierige Zeiten begannen. 1929 musste er die Kastanienvilla in Oberursel verkaufen, 1931 kam es endgültig zum Konkurs, danach die Katastrophe: Er wurde nach Theresienstadt deportiert. 1945 wird er vom schwedischen Roten Kreuz befreit, begeht aber 1946 verwirrt und fast verhungert Selbstmord. Die „Keschdeheeh“ (Kastanienhöhe) ist für mich der schönste Englische Garten unserer Gegend. Der berühmte Charles Keller, Landschaftsgestalter und Vater von Tochter Elisabeth, die Ludwigs Frau wurde, hat das Gelände erworben und ein flächendeckendes Naturdenkmal geschaffen.

Rosskastanie

Aesculus hippocastanum L.

Hessischer Rundfunk, Bertramshof

Pflanzjahr **1870** Höhe **18 m** Kronendurchmesser **11 m** Stammumfang **4,40 m**

Dendrologisches: Rosskastanien, nicht zu verwechseln mit der Edelkastanie oder Marone, ein Buchengewächs, sind Park- und Straßenbäume. Sie kamen nach 1600 aus der Türkei. Mit braunwolligem Austrieb aus harzigen gegenständigen Winterknospen entwickelt sie im Mai einfache oder gefüllte weiße Blütenkerzen über handförmig mehrfach geteilten Blättern, die schattige Stellen zur Frühjahrszeit abwechslungsreich beleben. Ihre Früchte haben eine stachelige Außenschale.

Beim Bertramshof handelt es sich um eine alte Meierei, die im Jahr 1888 von Freifrau Louise von Rothschild im Frankfurter Stadtteil Dornbusch erbaut wurde. Eine Bewirtschaftung der damals noch freien Flächen fand bis nach dem Zweiten Weltkrieg statt, dann wurden die landwirtschaftlichen Flächen nach und nach verkauft und bebaut. Zum Bertramshof gehörten zahlreiche Gebäude, darunter mehrere Ställe und Scheunen, der Gutshof und ein Wasserturm. Auch die große Bertramswiese gehörte einst zu diesem Anwesen, dort ist heute ein Sportgelände beheimatet. 1966 erwarb der Hessische Rundfunk den Bertramshof. Dessen Geschichte reicht jedoch bis ins Mittelalter zurück. Die erste urkundliche Erwähnung stammt aus dem Jahre 1323. Frau Mechthild von Breuberg verkaufte damals einen Teil des zum ehemaligen Königsgut gehörenden Geländes an den Frankfurter Bürger Jakob Knoblauch, der schnell weitere Grundstücke am Diebsweg erwarb. Knoblauch war einer der einflussreichsten Patrizier der Reichsstadt Frankfurt. Die Besitzer des Hofes wechselten später häufig. Im Jahre 1660 ging er zum Beispiel in den Besitz der Familie Heinrich von Bertram über, die ihn rund 100 Jahre bewirtschaftete. Im Jahre 1840 übernahmen die Rothschilds den Hof, waren aber zunächst nur an den Ländereien interessiert, so dass die Gebäude verfielen, bis Louise von Rothschild es sich später anders überlegte und die Meierei errichten ließ.

Gemeine Kiefer

Pinus sylvestris

Schwanheimer Dünen

Pflanzjahr **1930** Höhe **15 m** Kronendurchmesser **15 m** Stammumfang **2,80 m**

Dendrologisches: Mit langen festen Nadeln und rehbrauner Rinde im Kronenbereich kennen wir die gemeine Kiefer. Das helle Holz ist für Möbelbau und Schreinerei wichtig. Kiefern lieben sandige Böden und sonnige Standorte. In den Bergen markieren sie oft die Baumgrenze.

Die Düne von Schwanheim umfasst knapp 60 Hektar. Ich erinnere mich noch an den früheren Zustand, wo wir uns wie fernab in der Fremde vorkamen, am Mittelmeer oder sonst wo in Küstennähe, es hatte was Unwirkliches, Entrücktes. Der notwendig ordnende Holzsteg weist den Touristen den Weg, macht ihn zum Voyeur, ein Opfer der Zivilisation. Aber dennoch hausen die Barbaren, wenn sie den Steg verlassen und das Silbergras, den Bauernsenf und Sandgrasnelken verletzten. Fern und fremd sind auch die zeitlichen Dimensionen der Entstehung: Vor 10 000 Jahren, nach der letzten Eiszeit, soll die Düne entstanden sein, aus dem Main entsprungen.

Im Folgenden eine tragikomische deutsche Posse: 1938 hatte ein Nazi-überzeugter Forstmeister in einem Kiefernwald der Nordwestuckermark eine Lärchenpflanzung angelegt, sodass aus der Vogelperspektive ein riesiges Hakenkreuz zu erkennen war, d.h. er hat zuerst in Swastika-Form die Kiefern gefällt und dann statt derer Lärchen gepflanzt; diese leuchteten im Herbst strotzend gelb. Unbekümmert bestand das Natur-Mahnmal bis 1995, die Story ging durch die Presse über Figaro zu Mitterand, der klingelte bei Roman Herzog an, der sorgte für die Fällung der Lärchen in Brandenburg, nur dass jetzt die Lücke weitererzählte. 1999 gab's dann nochmal ein öffentliches Raunzen und durch Kahlschlag war der Wald dann endlich „entnazifiert“.

RKO 6.5
67-014

Schwarzkiefer

Pinus nigra ssp. nigra

Günthersburgpark

Pflanzjahr **1920** Höhe **22 m** Kronendurchmesser **12 m** Stammumfang **2,50 m**

Dendrologisches: Die Schwarz-Kiefer gehört zur Gruppe der 2nadeligen Kiefern und ist verbreitet als Gebirgsbaum des warmen Festlandklimas. Geradschäftig mit tiefrissiger schwarzgrauer Borke und helleren Streifen bildet sie im Alter eine schirmartige, breite Krone. Trotz flachen Wurzelwerks ist sie äußerst widerstandsfähig gegen Windschäden. Die Knospen sind harzig, die Nadeln dicht gestellt, dunkelgrün, hornspitzig bis 15 cm lang. Der bis zu 8 cm lange gelbbraune Zapfen reift im dritten Jahr und trägt am Zapfenschuppen einen kurzen Dorn. Der geflügelte Samen dient als Vogelfutter.

Die Orangerie ist „speziell bestimmt für Bäume, Sträucher und Pflanzen, deren Vegetation im Winter in Stillstand geräth, und welche aus diesem Grunde und ihrer besonderen Härte wegen, während der Wintermonate sich mit wenig Licht begnügen, selten des Begießens und gar keiner Wärme bedürfen, weshalb man sie höchstens vor Frost bewahren und so halten muss, dass das Thermometer über Gefrierpunkt bleibt." So steht es in einer theoretischen und praktischen Anleitung zur Kultur der Kalthaus-Pflanzen aus dem Jahre 1862. Da diente die Orangerie schon seit sieben Jahren beim Schloss der Rothschilds, dazu, die Kübelpflanzen der Schlossparks über den Winter zu bringen. Die Rothschilds hatten ihr prächtiges Schloss auf dem Grundstück der mittelalterlichen Bornburg bauen lassen, einem Gemäuer, das mit wechselnden Eigentümern durch die Jahrhunderte wechselnde Namen trug. 1840 wurde die Burg abgerissen. Ein Schloss in römisch-klassischem Stil wurde auf dem Gelände errichtet. Wenig später kam die Orangerie dazu. Im Mittelalter stand auf dem Gelände des Parks die befestigte Bornburg. 1306 bewohnte sie der damalige Frankfurter Bürgermeister Weiss von Limpurg. Günthersburg hieß sie seit 1690 nach ihrem Besitzer Jakob Günther. 1837 erwarb Carl Mayer von Rothschild das Anwesen und ließ einen englischen Landschaftspark anlegen. Großzügige Wiesenräume mit Baumgruppen von hainartigem Charakter entstanden unter der Regie von Sebastian Rinz und unterstützt von Heinrich Siesmayer. Die Stadt übernahm den Besitz 1889. Das Palais musste nach dem Willen des verstorbenen Besitzers abgerissen werden, nur die Orangerie ist übriggeblieben. Gartendirektor Andreas Weber (1861–1901) verwandelte 1892 das sanft ansteigende Gelände mit seinem schönen Baumbestand in einen Volkspark mit Kinderspielplatz. Noch heute stehen im Park seltene Exoten wie Mammutbäume, Schwarzkiefern, Blauglocken- und Geweihbäume. Aus der Ruine der ehemaligen Orangerie entstand 1950 die Kirche der Reformierten Gemeinde.

Weymouths-Kiefer

Pinus strobus L.

Solmspark, Rödelheim

Pflanzjahr **1930** Höhe **21 m** Kronendurchmesser **8 m** Stammumfang **2,20 m**

116 **Dendrologisches:** Die Weymouths-Kiefer zeigt einen lockeren Kronenaufbau mit grauer, glattbleibender Rinde, die bei älteren Bäumen dunkelbraun und längsrissig wird. Mit ihren pinselartigen, weichen Nadeln gehört sie zu den 5nadeligen Pinus-Arten. Die Nadellänge beträgt bis 14 cm, die Ränder sind feingesägt. Die hängenden, zimtbraunen, harzigen und bis zu 20 cm langen Zapfen fallen im dritten Jahr als Ganzes von der Weymouths-Kiefer ab. – Nach 1550 kam sie aus Nordamerika. Thomas Thynne Weymouth (1640–1714) war ein britischer Baron, der diese Kiefernart so großflächig anbauen ließ, dass man sie nach ihm benannt hat. In der Folge hatte die Weymouths-Kiefer aber mehr Erfolg in Frankreich und Deutschland als auf den Britischen Inseln.

Hinter dem Dorf Tumero [...] bemerkt man [...] ein[en] einzige[n] Baum, der berühmte Zamang de Guayre, bekannt im ganzen Land wegen der ungeheuren Ausbreitung seiner Äste, die eine halbkugelige Krone von 187 Metern Umfang bilden. Die Zamang ist eine schöne Mimosenart, deren gewundene Zweige sich gabelig teilen. Sein feines, zartes Laub hob sich angenehm vom blauen Himmel ab. Wir blieben lange unter diesem vegetabilischen Gewölbe. Der Stamm ist nur 20 Meter hoch und hat drei Meter Durchmesser, seine Schönheit besteht aber eigentlich in der Form der Krone. Die Äste breiten sich aus wie ein gewaltiger Sonnenschirm und neigen sich überall dem Boden zu, von dem sie ringsum vier bis fünf Meter abstehen. Der Umriß der Krone ist so regelmäßig, daß ich verschiedene Durchmesser, die ich nahm, 62 und 60 Meter lang fand. Die eine Seite des Baumes war infolge der Trockenheit ganz entblättert; an einer anderen Seite standen noch Blätter und Blüten nebeneinander. Tillandsien, Lorantheen, die Pitahaya und andere Schmarotzergewächse bedecken die Zweige und durchbohren die Rinde derselben. Die Bewohner dieser Täler, besonders die Indianer, halten den Baum in hohen Ehren, den schon die ersten Eroberer ziemlich so gefunden haben mögen [...] Der Anblick alter Bäume hat etwas Großartiges, Imponierendes; die Beschädigung dieser Naturdenkmäler wird daher auch in Ländern, denen es an Kulturdenkmälern fehlt, streng bestraft. Wir hörten mit Vergnügen, der gegenwärtige Eigentümer der Zamang habe einen Pächter, der es gewagt, einen Zweig davon zu schneiden, gerichtlich verfolgt. Die Sache kam zur Verhandlung, und der Pächter wurde vom Gericht zur Strafe gezogen. (*Alexander v. Humboldt*) 117

Zierkirsche

Prunus x yeodensis

Palmengarten

Pflanzjahr **1958** Höhe **12 m** Kronendurchmesser **9 m** Stammumfang **1,30 m**

Dendrologisches: Samen eines Kirschbaums aus Hiroshima. In Frankfurt „Hiroshima-Kirsche" genannt.

Seit 55 Jahren steht im Palmengarten eine „Hiroshima-Kirsche", am 6. August 1958 gepflanzt. Die Friedensinitiative Westend überreichte dem Palmengarten Kerne eines Kirschbaumes, der im Randgebiet der am 6. August 1945 durch die Atombombe zerstörten Stadt Hiroshima überlebt hatte. Ein Jungbaum aus den Kernen wurde am 13. Jahrestag der Katastrophe im Norden des Gartens angepflanzt. Heribert von Esebeck bestimmte den Baum als prunus x yedoensis nach erster Blüte. Seitdem erfreut sich der Baum bester Gesundheit und blüht jedes Jahr aufs Neue. – Die den Garten im Osten begrenzende Straße wurde in den 1940er-Jahren nach Siesmayer benannt. Einen Großteil der Flächen stellte von Anfang an die Stadt Frankfurt zur Verfügung, die das Gelände an der Bockenheimer Landstraße für 99 Jahre in Erbpacht gab und auch 1884 auf Wunsch der Palmengarten AG größere Grundzukäufe tätigte. Schon 1885 stellte die Stadt allerdings fest, dass sie sich auf diese Kauf- und Pachtgeschäfte nur einlasse, weil der Palmengarten ja später doch an die Kommune fallen werde. Der Palmengarten wurde bald ein gesellschaftliches Zentrum Frankfurts, es gab aber auch Rückschläge wie den Brand des Gesellschaftshauses in der Nacht vom 10. zum 11. August 1877. Ein Besuch der besonderen Art war 1890 der des amerikanischen Büffeljägers Buffalo Bill, der mit 200 Indianern und Cowboys auftrat und eine einzigartige Westernshow darbot. Durch den Ausbruch des Ersten Weltkriegs verschlechterte sich die finanzielle Situation des Palmengartens und seiner AG dramatisch. In den 1920er Jahren nahm deshalb der Einfluss der Stadt immer weiter zu. Baudezernent Ernst May setzte 1929 einen modernen Anbau für das Gesellschaftshaus durch, Architekt war Martin Elsaesser, auch Max Bromme half. 1931 übernahm schließlich die Stadt Frankfurt den Palmengarten. Eine für 1941 vorgesehene Internationale Gartenbauausstellung auf dem Gelände des Palmengartens und der angrenzenden Grünanlagen wurde kriegsbedingt abgesagt. (*Fortsetzung Seite 185.*)

Kirsche mit Birkenauswuchs

Prunus u. Betula

Baumschule Wirtz & Eicke, Rödelheim

Pflanzjahr **um 1930** Höhe **2,50 m** Kronendurchmesser **2 m** Stammumfang **1,80 m**

120 **Dendrologisches:** Kirschbaum mit Birkenbewuchs – wahrscheinlich wurde ein Birkensamen durch den Wind in die feuchte Faulstelle am Stamm der Kirsche geweht und kam zum Keimen.

Wirtz und Eicke, 1891, Pflanzen aus aller Welt. 121

Herr Burggraf vom Grünflächenamt führte mich auch zu der Rödelheimer Baumschule Wirtz und Eicke. Hier hatte er 1976 seine Gesellenprüfung gemacht. 1891 war sie von Walter Coßmann gegründet und 1904 von dem Gartenarchitekten Franz Wirtz und dem Kulturingenieur Hermann Eicke übernommen worden. Die beiden, der eine mit rheinischem Temperament (er wurde auch Rosenkavalier von Frankfurt genannt), der andere mit norddeutscher Zielstrebigkeit brachten den Laden von 30 000 qm aufs Doppelte kurz vor dem Ersten Weltkrieg. Rosen, Gehölze aller Art, Obstbäume wie stattliche Parkbäume ... Ich habe in dem Zusammenhang gelernt, die großen Prachtexemplare stehen da, wo Geld vorhanden ist, bei den Schrebergärtnern musste was bei rumkommen, deshalb die kleineren Obstbäume.

Der Zweite Weltkrieg ging auch an Wirtz & Eicke nicht spurlos vorüber, aber die Söhne Heinz und Hermann Wirtz schafften den Erfolg. 1968 im Februar übernahm Hermann Wirtz alleine den Betrieb, ihm waren aber nur drei Monate vergönnt, nach seinem Tode führte seine Frau Margarethe bis zu ihrem Tod 1991 das Geschäft.

Das was bei Sinai der „Frankfurter Flieder“, waren bei Wirtz & Eicke die Rosen, etwa 30 000 in hundert verschiedenen Sorten. Blüten-, Nadel- und Laubgehölze, dazu Alleenbäume und Heckenpflanzen. 1978 fand die Haus- und Gartenwelt statt und damit verlagerte sich ein Geschäftszweig auf Keramik, Gartenmöbel, Geschenkartikel an Gefälligem und Nützlichem: Töpfe, Gartengeräte, Kitsch, Pflanzenschutz und Düngemittel zusätzlich zu den gewohnten Baumlieferungen.

Heute klagt die tapfere Chefin über gesundheitliche Beschwerden und „Allein gelassen werden“ von Stellen, die sie unterstützen könnten oder sollten – oder müssten. Sie denkt über eine Stiftung nach: das ehemalige Rittergut Holzdorf bei Weimar Herrenhaus und Park, verwahrlost dem Sozialismus entronnen, verlangt sehnlichst nach Wiederherstellung.

Larix decidua

Lärche

Detmolder Platz

Pflanzjahr **1937** Höhe **17 m** Kronendurchmesser **7 m** Stammumfang **2,70 m**

Dendrologisches: Die Lärche hat in ihrer Tracht des frischgrünen Austriebs im Frühjahr und ihrer gelblichen Herbstfärbung ein malerisches Aussehen. An dünnen gelblichen Langtrieben stehen die Nadeln spiralig, einzeln, an Kurztrieben gebüschelt. Im April, Mai mit dem Durchtrieb der Nadeln, werden Blüten ausgebildet. Männliche Blüten sind zahlreich und kennzeichnend durch braungelbes Aussehen, die weiblichen sind aufrecht, anfangs von grüner Färbung, später dann rötlich. Die Zapfen der Lärche erreichen eine Länge zwischen 2,5 und 4 cm. Ihre Samenschuppen sind lederartig und anliegend. Zwischen Oktober und November findet die Samenreife zur Zeit des Nadelfalls statt. Das Holz ist tragfähig, dauerhaftes Zimmermannsholz, sowie harzreich. Kennzeichnend ist eine graue, später braune Borke, die längs- und querrissig ist. Ebenso ein kräftiges Wurzelwerk, das der Phalwurzel, mit großer Sturmfestigkeit.

1919 wurde der 1. Fußballclub Zeilsheim gegründet, aber schon 1912 wurde auf dem Detmolder Platz gekickt, später dann auf einem Ackergelände im Straßenbereich Kranentrank/Neu-Zeilsheim.
1937 wurde ein Kriegerdenkmal von der örtlichen NSDAP und des Zeilsheimer Krieger- und Militärvereins anlässlich des Heldengedenktages dort eingeweiht und der Platz mit Platten ausgelegt. In den 50er Jahren erwägte man, eine Plastik von Käthe Kollwitz stattdessen aufzustellen, weil die Käthe-Kollwitz-Schule ganz in der Nähe liegt – bis man sich für ein Werk des Quaderkünstlers Hans Steinbrenner entschied, sie steht heute noch auf dem Rasen.
Der langsam überbordende Baumbestand sollte einen kräftigen Rückschnitt bekommen, so Werner Breuckmann vom Grünflächenamt.
Über skurrile Auseinandersetzungen war in der Zeitung zu lesen, darüber, wem das Denkmal eigentlich gehöre: Das Denkmalamt schrieb, dass das Ehrenmal nicht unter Denkmalschutz stehe, das Garten- und Friedhofsamt bestätigte, dass es nicht unter Naturschutz steht, und das Liegenschaftsamt bescheinigte, dass das Gelände zwar der Stadt gehört, nicht aber das Ehrenmal. Ehrenhaft ist jedoch die Tatsache, dass das kriegerische Denkmal verschwunden ist.

Riesenlebensbaum

Thuja plicata

St. Georgen, Offenbacher Landstraße

Pflanzjahr **1870** Höhe **20 m** Kronendurchmesser **25 m** Stammumfang **2,30 m (unten) und 1,70 m**

Dendrologisches: Der Riesen-Lebensbaum kann Höhen bis zu 50 m erreichen. Er zeigt auf der Oberseite glänzend grüne, auf der Unterseite weißlich gezeichnete duftende Schuppenblätter. Der Stamm ist bräunlich berindet und löst sich streifenartig. Die mattrötlichen oder lederbraunen Zapfen stehen anfangs aufrecht, nach der Reife neigen sie sich und sind gut sichtbar. Bezeichnend für den Lebensbaum – allerdings nur im Freistand – ist die „Schleppenbildung". Sie entsteht durch einen Kranz bewurzelter Triebe um den Mutterbaum, die sich zu selbstständigen Pflanzen entwickeln.
Der hiesige Baum hat zwei Hauptstämme mit 2,30 m beziehungsweise 1,70 m Stammumfang und 11 Nebenstämme mit zwischen 0,60 m und 1,20 m Stammumfang.

Der Park von Sankt Georgen liegt hinter hohen Mauern an der Offenbacher Landstraße. Auf dem Gelände der heutigen Philosophisch-Theologischen Hochschule Sankt Georgen, kurz vor Oberrad, war ein ummauerter Gasthof mit Ackerland, Obst- und Weingärten sowie einer Brennerei entstanden. Der Landwirtschaftsbetrieb wechselte im 18. Jahrhundert häufig den Besitzer und gehörte wohl wegen einer Zwangsversteigerung im frühen 19. Jahrhundert Jacob Hollweg, Teilhaber des Bankhauses Gebrüder Bethmann – er war mit Elisabeth Bethmann verheiratet. Das Gut wurde Sommersitz Frankfurter Familien, als es 1802 der Bankier Heinrich Mülhens erwarb. Dieser übergab es 1824 an seine älteste Tochter, Gattin des Kaufmanns Carl Ludwig Freiherr von Leonhardi. 1840 wurde es wegen Erbteilung versteigert an den Bankier Georg von Saint George, ebenfalls Teilhaber des Bankhauses Bethmann. Der auch mit einer Tochter des Hauses Bethmann verheiratete Saint George gestaltete das Gut um und ließ es zu einem Landgut nach englischen Vorbild werden. Auch hier wurde der Stadtgärtner Sebastian Rinz tätig und ließ einen Landschaftspark errichten. Saint Georges Älteste soll es gewesen sein, die nach dem Tod des Vaters dem Landsitz den Namen Villa Sankt Georgen gab. Am 25. Oktober 1926 wurde dort die Lehranstalt Sankt Georgen eingeweiht. Das Anwesen wurde im Zweiten Weltkrieg stark zerstört und in drei Phasen wieder aufgebaut. – Pater Koltermann, der nach eigener Aussage über 1000 Pflanzen in den Garten von St. Georgen gepflanzt hat, erzählte mir, dass wie in Hiroshima (dort war es die Atombombe), eine Bombe den Ginkgo verstümmelt habe und ohne fremdes Zutun habe der Baum wieder ausgeschlagen.

Sommerlinde

Tilia platyphyllos

Grüneburgpark, neben hölzernem Obelisk

Pflanzjahr **1822** Höhe **24 m** Kronendurchmesser **20 m** Stammumfang **4,70 m**

Dendrologisches: Das Verbreitungsgebiet des heimischen Baumes reicht vom Flachland bis in die mittleren Gebirgslagen von 1 000 m Höhe. Sommerlinden haben verhältnismäßig große, übergangslos zugespitzte Blätter, die beiderseits behaart sind. Das rundlich herzförmige Blatt zeigt in den Nervenwinkeln unterseits weißliche Haarbüschel, die Milben Unterschlupf bieten. Der meist 3blütige und senkrecht hängende Blütenstand in der ersten Junihälfte (mit Hochblatt) wird stets von dem dazugehörigen Laubblatt überdeckt. In ihrer Form sind die Früchte (Nuss) veränderlich, graubehaart, 5rippig. Das Holz ist weich und gut zu bearbeiten. Geschätzt werden die Lindenblüten als Haustee und gutes schweißtreibendes Mittel gegen Erkältungskrankheiten und als krampflösend bei Magen- und Darmbeschwerden.

Der Grüneburgpark entstand in mehreren Etappen. Auf dem heutigen Gelände besaß die Familie Bethmann-Metzler Ende des 18. Jahrhunderts das Stalburgsche Gut mit einem Landhaus. Es wurde seit 1789 „Zur grünen Burg" genannt. Dort traf sich damals die Frankfurter Gesellschaft. Auch Goethe war dort und berichtete 1797: „Es liegt sehr angenehm, eine halbe Stunde von dem Eschenheimer Thor auf einer sanften Anhöhe, von der man vorwärts die Stadt und den ganzen Grund, worin sie liegt, hinterwärts den Niddagrund bis an die Berge übersieht." Anselm Mayer von Rothschild kaufte das Gelände 1837 und ließ es zu einem Park umwandeln in dem der Baumeister Jakob von Essen das Grüneburgschlösschen errichtete. Der Landschaftsarchitekt Heinrich Siesmeyer und sein Sohn Philipp erweiterten den Park von 1884 an deutlich. Das Zentrum bildete das Schlösschen mit vorgelagertem Teppichbeet, weit geschwungenen Wege erschlossen den durch dichte Abpflanzungen abgrenzten Park, dabei ermöglichten Durchblicke die Sicht in die Landschaft bis hin zum Taunus. Im Jahr 1935 kaufte die Stadt Frankfurt den Park. Er wurde Richtung Botanischer Garten und Palmengarten erweitert. Das Schloss wurde im Zweiten Weltkrieg zerstört, die alten Bäume überlebten die Bombenangriffe. Heute erinnert nur noch eine Säule des Bildhauers Hans Steinbrenner an das einstige Schlösschen. Ein weiterer Rothildscher Garten lag an der Neuen Mainzer Landstraße. Von ihm fehlt heute jede Spur. Die Anlage des Parks ging auf den Stadtgärtner Sebastian Rinz zurück.

Winterlinde

Tilia cordata

Eschersheimer Landstraßc „Am Lindenbaum“

Pflanzjahr **1700** Höhe **25 m** Kronendurchmesser **20 m** Stammumfang **6,30 m**

128 **Dendrologisches:** Die Blüte der Winter-Linde ist klein, wohlriechend und weist eine gelblich-grüne Färbung auf. Ihr Blatt ist klein, rundlich bis herzförmig, kahl, auf der Unterseite blaugrün und achselbärtig-braun. Im Gegensatz zur Sommer-Linde wölbt sich der Blattrand nach oben. Kennzeichnend ist eine kleine, schwachkantige und leicht zerdrückbare Frucht. Die Winter-Linde wird bestimmt durch einen dunklen und längsrissigen Stamm. Ihr Holz ist weich und deshalb brauchbar für Schnitzarbeiten.

Heribert von Esebeck meinte auch, dass die Annahme, es handle sich bei der 129
Eschersheimer Linde um eine Friedenslinde nach dem 30-jährigen Krieg, wahrscheinlich falsch ist, das stimme eher für die Linde, die am Weißen Stein bis Anfang des 20. Jahrhunderts stand (auf dem Fassdeckel der Äbbelwoi-Wirtschaft Scherer abgebildet). Zu dieser Zeit kränkelte es „Am Lindenbaum“. Die Krone wurde um zwei Drittel gekappt, was zur Folge hatte, dass alle zum Wachstum benötigten Kräfte dazu gebraucht wurden, und der Wurzelbereich verkümmerte; Abwehrkräfte gegen Baumschädlinge fehlten, Fäulnis drang in die nicht verheilten Narben und breitete sich im Stammesinneren aus. In den 20er Jahren wurde eine Untergrundbewässerung eingebaut (200 Liter pro Tag), dazu flüssiger Dünger. Der Baum erholte sich. Nach 20 Jahren asphaltierte man die Straße, der Verkehr kam dazu, die Rasendecke zum Schulneubau nebenan ließ auch kein Wasser mehr an die Wurzeln, brauchte es selber, kurzum 50 Faullöcher mussten entfernt werden, die früher angebrachten Plomben herausgebrochen und die Abschnittflächen desinfiziert und mit wachstumsfördernder Hormonsalbe bestrichen werden. Als dann die Asphaltdecke noch durch Kopfsteinpflaster im Sandbett ersetzt wurde, erstarkte der Baum mit eigener Kraft. Heute steht er wieder ganz gut, mit kleinen Wehwehchen im Alter, da geht’s ihm wie den Menschen.

Von einem Phänomen wäre noch zu berichten: In und um Blätter von Bäumen verfangen sich oftmals Gerüchte und Geschichten, frei erfunden oder aus reiner Fabulierlust: In unserer Eschersheimer Linde soll sich ein Mann erhängt haben im Sommer und erst im Herbst mit Laubabfall entdeckt worden sein. Ein anderes Gerücht: Als ein amerikanischer Soldat erfahren hat, dass er nach Vietnam in den Krieg ziehen müsse, soll er mit einer Axt bewaffnet in den Huthpark gegangen sein, um sich an einer Buche abzureagieren. Zwei Stunden bin ich durch den Park gegangen, ohne eine Spur davon zu finden.

Bastardlinde

Tilia flaccida

Lichtenberger Straße, Dornbusch

Pflanzjahr **1940** Höhe **14 m** Kronendurchmesser **12 m** Stammumfang **1,75 m**

Dendrologisches: Eine der beliebtesten Linden zur Verwendung als Straßenbaum, da sie einen geraden Leittrieb aufweist und sehr stadtklimafest ist. Der Baum bildet ein dichtes Blätterdach aus. Circa 23 m Baumhöhe sind für sie erreichbar. – Dieser Baum steht in der Lichtenberger Straße am Dornbusch. Heribert von Esebeck, der dort in der Gegend wohnte, hat mich auf ihn aufmerksam gemacht.

„10 Minuten vor der vollen Stunde …" Die Ansage auf meinem Anrufbeantworter reserviert die folgenden Minuten für alle, die mich telefonisch erreichen wollen. Praktisch ist diese Zeitspanne meine Ruhepause zwischen zwei Behandlungssitzungen, und normalerweise herrscht Stille.
Ich habe das sehr große Fenster, das den Blick frei gibt in den Garten, weit geöffnet und sehe über die meinen Garten begrenzende, aber nicht sehr hohe Kirschlorbeer-Hecke hinweg direkt auf die wunderschöne und so alte wie hohe und fast üppige Linde in Nachbars Garten. Sie ist in meinem internen Gefühlshaushalt so etwas wie der stille und unbeirrbare Wächter über den quasi-exterritorialen Status meines Behandlungszimmers.
In meinem Psychoanalyse-Sessel genieße ich die kurze, wenn auch intensiv nahrhafte Ruhe. Ganz zart raschelt etwas; „es" krabbelt offenbar in den Rhododendron-Büschen unterhalb des Fensters herum. Und dann sitzt es in der Fensteröffnung: ein Eichhörnchen – normalerweise wohnhaft in der Linde, wie ich weiß. Kurz verharrt es, scheinbar erstarrt, nach Eichhörnchen-Art. Dann springt es ganz weich – keine Spur von Aufgeregtheit – neugierig (?) von der Fensterbank weiter in den Raum hinein und landet auf dem Lederpolster des Gesprächssessels, der unter dem Fenster steht. Dort verharrt es wieder, den Schwanz in aufmerksam-gelöster Ruhestellung. Nichts passiert … Ich lächele still in mich hinein, um dann – ebenfalls sehr entspannt (wie ich hoffe) – das zu sagen, was ich regelhaft zu Patienten zu sagen pflege, wenn wir uns zum ersten Male sehen: Was führt Sie zu mir? Stille … Es ist wunderbar zu erleben, wieviel passieren kann, wenn tatsächlich nichts weiter passiert, als dass sich schweigend Möglichkeiten entfalten. Endlich, nach vielen Zeitmomenten, dreht sich das Eichhörnchen ganz ruhig, fast schlendernd auf dem Sessel herum, schnuppert nach dem Fenster und dem wohlbekannten Alten hin und erscheint in meinem Blickfeld erst wieder, als es schon in seinem, nun für mich wundersam Anderen, der Linde herumlebt.

Krimlinden(allee)

Tilia euchlora

Bruno-Asch-Anlage

Pflanzjahr **1950** Höhe **16 m** Kronendurchmesser **7 m** Stammumfang **1,90 m**

132 **Dendrologisches:** Fast senkrecht bis zum Boden überhängende Zweige und eine schmale Krone kennzeichnen die Krim-Linde. Ihr hellgrauer Stamm weist unterhalb der Krone schwarze Längsstreifen auf. Von ihrer Schmuckwirkung kann man sich im Juli überzeugen, wenn über glänzend grünen Blättern auffällige gelbe Hochblätter den Baum bedecken. Das Einzelblatt ist gezähnt, mit grannenartiger Spitze und beiderseits eiförmigen spitzen Früchten versehen, den Nüsschen. – Die Bäume dieser Allee stehen in der Bruno-Asch-Anlage in der Nähe des Höchster Bahnhofes.

Der SPD-Politiker Bruno Asch (1890–1940), seit 1922 Bürgermeister von Höchst, 133
wurde von den Franzosen, die nach dem Ersten Weltkrieg Höchst besetzt hatten, zu drei Monaten Gefängnis verurteilt, weil man ihn für einen Anschlag auf die Bahnlinie Höchst-Zeilsheim verantwortlich hielt. Dabei hatte er die Besatzer nur öffentlich gewarnt, dass allzu scharfer Druck von oben nur Gegendruck provoziere. Wie auch immer, es verhalf ihm zu Popularität bei der Bevölkerung. 1925 wurde er Stadtkämmerer von Frankfurt unter Ludwig Landmann. Vor seinem Weggang nach Berlin, um dort Finanzdezernent zu werden, erhielt er in Frankfurt die Ehrenplakette wegen seiner finanzpolitischen Erfolge um das Neue Frankfurt. 1933 emigrierte er nach Amsterdam, wo er mit seinem SPD-Genossen aus Frankfurt Walter Loeb eine Vermögensverwaltungsgesellschaft führte. 1938 wurde ihm die Deutsche Staatsbürgerschaft durch die Nazis aberkannt. 1940 nahm er sich nach dem Einmarsch der deutschen Truppen das Leben.

Das folgende Gerichtsverfahren erfährt hier Erwähnung, um Mut zu machen, sich für den Erhalt von Bäumen einzusetzen: Nach altem Muster – „erst Fakten schaffen, den Rest regeln wir schon“ – hatte ein Bauherr trotz Hinweis auf Bäume und Mindestabstand von 1,50 m zum vorgeschriebenen Baumschutz einer 80-jährigen Linde die Tiefgarage so gebaut, dass der Baum im Wege stand. Der erste Antrag auf Entfernen der baumschützenden Pfosten, der das Fällen des Baumes mit Neupflanzung an anderer Stelle zum Ziele hatte, wurde vom Verwaltungsgericht Frankfurt am Main mit Beschluss vom 22. Januar 2013 zurückgewiesen. Aus der Begründung: „Ein Mindestabstand von 1,50 m zwischen der Einfahrt und den einzelnen Bäumen ist einzuhalten. Das Merkblatt zum vorgeschriebenen Baumschutz ist zu beachten und einzuhalten.“

Dieser Beschluss wurde in 2. Instanz vom Hessischen Verwaltungsgerichtshof am 6. Mai 2013 bestätigt.

Tulpen-Magnolie (großblättrige)

Magnolia x soulangiana

Karmeliterkloster

Pflanzjahr **1950** Höhe **10 m** Kronendurchmesser **12 m** Stammumfang **1,20 m**

Dendrologisches: Die rosa-weißen tulpenartigen Blüten, die im April bis Mai erscheinen, machen diesen malerischen Baum zu einem auffallenden Höhepunkt in jeder Parkanlage. Entstanden ist diese Kreuzung 1826 in der Nähe von Paris. Die Gattung Magnolie zählt zu den ersten Blütenpflanzen der Erdgeschichte. – Namensgeber ist der französische Botaniker Pierre Magnol (1638–1715).

Das Karmeliterkloster geht in seinen Ursprüngen auf das Jahr 1246 zurück, als die Ordensbrüder im südwestlichen Teil der Frankfurter Altstadt eine Niederlassung errichteten. Der Ort war ungünstig – im Jahre 1342 etwa stand das Mainwasser zwei Meter hoch in der kleinen Kirche. Die Mönche waren finanziell geschickt und die Frankfurter Bürger spendenfreudig, so dass im 15. Jahrhundert der Neu- und Umbau von Kirche und Kloster begonnen werden konnte. Zwischen 1410 und 1510 wurde die einst bescheidene Kirche auf 60 Meter Länge ausgebaut, zugleich erhöht und mit spätgotischen Stern- und Netzgewölben geschlossen. Doch das Wirken der Karmeliter-Mönche verlief nicht ohne Spannungen. Im Machtkampf zwischen Papst und exkommuniziertem Kaiser Ludwig dem Bayern ergreifen sie Partei für das Kirchenoberhaupt, während die Stadt Frankfurt und der Bischof von Mainz auf Seiten des Kaisers stehen – die Brüder müssen Frankfurt verlassen, kehren aber Jahre später zurück. Da sie sehr gelehrsam und engagiert in der Seelsorge sind, kommen die Frankfurter gerne in die Karmeliterkirche. Doch die spätere Reformation bekommen auch die Karmeliter zu spüren. Spenden bleiben aus, Testamente werden zu Ungunsten des Ordens formuliert. Nach der Reformation erhält das Kloster einen gewissen Aufschwung. Durch die Säkularisierung Anfang des 19. Jahrhunderts wird dem Wirken der Karmeliter ein jähes Ende gesetzt. Nach langer Raubnutzung wurden Kloster und Kirche mit hohem finanziellem Einsatz in den 1920er und 1930er Jahren wiederaufgebaut. Heute dient das Kloster unter anderem als Stadtarchiv, die nicht wiederhergestellte Kirche als Ablageplatz für nicht benötigte Steindenkmäler.

Gurken-Magnolie

Magnolia accuminata L.

Bethmannpark, Chinesischer Garten

Pflanzjahr **1850** Höhe **20 m** Kronendurchmesser **13 m** Stammumfang **3,80 m**

Dendrologisches: Von der Form der Früchte leitet sich der deutsche Name dieses aus Nordamerika stammenden Baumes ab der dort „Cucumber tree" genannt wird. Besonders schön sehen die Früchte aus wenn sie im Herbst aufbrechen und die feuerroten Samen zu sehen sind. Die Blüte ist gelb und nicht so auffallend wie bei der vorgenannten Tulpenmagnolie. – Nach1800 aus Nordamerika.

Fünfunddreißig Jahre später (*s. Seite 33*), am 18. September 1848, brachte man in dies gleiche Haus den sterbenden Fürsten Felix Lichnowsky, der mit dem Grafen Auerswald von den Aufständigen umgebracht war. Aber damals wußte ich noch nichts von diesen historischen Beziehungen des Heims meiner Mutter und konnte sie ja auch garnicht ahnen. [...] Eines Sonntags im September, als ich mich im Garten mit meinen Gespielinnen vergnügte, sahen wir in der langen Allee einen Greis auf uns zukommen, von unserer ganzen Familie ehrfuchtsvoll begleitet. Wir wandten keinen Blick von ihm, und meine Cousine Cathau rief: „Das ist der Herr von Goethe!" Fast im gleichen Augenblick hörte ich meinen Namen rufen. Ich wäre gern davongelaufen, aber dazu war es schon zu spät. So mußte ich dem imposanten Zug entgegengehen. Als ich näher kam, sagte mein Onkel Bethmann zu Herrn von Goethe: „Das ist meine kleine Nichte Flavigny." Der Greis lächelte mir zu, nahm mich bei der Hand und sagte im Weitergehen einige Worte zu mir, die ich jedoch nicht verstehen konnte. Dann setzte er sich auf eine Bank und behielt mich kleines verwirrtes Mädchen neben sich. [...] Als er von meinen Verwandten Abschied genommen hatte, legte mir Goethe die Hand auf den Kopf und streichelte mein blondes Haar: ich wagte kaum zu atmen. Es fehlte nicht viel und ich wäre niedergekniet. Fühlte ich, daß diese magnetische Hand einen Segen für mich barg, eine schützende Verheißung? Ich weiß es nicht. Ich kann nur sagen, daß ich mich in meinem langen Leben mehr als einmal unter diese segnende Hand gebeugt habe und wenn ich mich dann wieder erhob, so habe ich mich jedesmal stärker und besser gefühlt. *Marie d'Agoult, 1877*

Mammutbaum (mit Blitzableiter)

Sequoiadendron giganteum

Sachsenhäuser Warte

Pflanzjahr **1960** Höhe **12 m** Kronendurchmesser **8 m** Stammumfang **3,90 m**

Dendrologisches: Weltberühmt sind die bis 130 m hohen Exemplare dieser Gattung in den Redwoods in den USA. – Nach 1850 aus Nordamerika.
Unser hier abgebildetes Exemplar bringt es „nur" auf 25 m, ist aber zum Schutz gegen Blitzeinschläge mit einem Blitzableiter ausgestattet.

Im Senckenbergmuseum hängen zwei Hälften einer großen Baumscheibe. Der Riesenmammutbaum (sequoia) stand in Kalifornien. Anhand seiner Jahresringe sind Ereignisse der Welt- und Frankfurter Geschichte notiert: ***Dieser Baum keimt in Kalifornien 7 v. Chr.*** Beginn unserer Zeitrechnung 0 ***Untergang von Pompeji 79 n. Chr.*** Anlage der Saalburg als Erdkastell 83 ***Hochphase der griechischen Astronomie (Ptolemäus) 150*** Der Limes wird von den Germanen erobert 256 ***Erste Blüte der Maja-Kultur in Mittelamerika 400*** Eroberung Roms durch die Westgoten 410 ***Kaiser Justinian kodifiziert das Römische Recht 534*** Die Hagia Sofia in Konstantinopel vollendet 537 ***Der Buddhismus wird Staatsreligion vollendet 594*** Beginn der islamischen Zeitrechnung 622 ***Untergang des Westgotenreichs 711*** Erste urkundliche Erwähnung Frankfurts 794 ***Kaiserkrönung Karls des Großen 800*** Wikinger fassen auf Island Fuß 874 ***Leif Erikson segelt nach Nordamerika um 1000*** Reichsversammlung 1015 ***Kaiser Heinrich II. Friedrich Barbarossa zum Deutschen König gewählt 1152*** Blütezeit des Rittertums um 1150 ***Bau der Stauferpfalz am Main um 1200*** Beginn der Hanse (Hamburg, Lübeck) 1241 ***Heimkehr des Marco Polo aus China 1292*** Kaiser Ludwig privilegiert die Frankfurter Frühjahrsmesse 1330 ***Wiederentdeckung Amerikas durch Christoph Columbus 1492*** Geburt Shakespeare und Galileo Galilei 1564 ***Erste Deutsche Börse in Frankfurt 1585*** Westfälischer Frieden, Ende des 30jährigen Krieges 1648 ***Letzter Bär im Vogelsberg 1678*** Geburt Goethes 1749 ***Französische Revolution 1789*** Frankfurter Palmengarten 1869 ***Gründung der Universität Frankfurt 1914*** Erster Mensch auf dem Mond 1969 ***Dieser Baum wird gefällt 1995***

Mammutbaum und Chinesisches Rotholz
Sequoiadendron giganteum und *Metasequoia*
Neumannstraße, „Am Lindenbaum“

Pflanzjahr	**1926**	Höhe	**17 m**	Kronendurchmesser	**9 m**	Stammumfang	**3,80 m**
Rotholz:	**um 1926**		**16 m**		**12 m**		**2,10 m**

 Dendrologisches: Das links zu sehende Exemplar, das in der Neumannstraße nahe Am Lindenbaum steht, bringt es „nur“ auf 25 m, ist aber zum Schutz gegen Blitzeinschläge mit einem Blitzableiter ausgestattet. Um die Krone der höchsten Bäume streiten Mammut und Küstensequoien der nordamerikanischen Westküste mit den Eukalyptusbäumen in Australien, letztere sollen bis 140 m hoch werden mit einem Stammumfang von über 20 m.

Der Dornbusch ist kein Kunstname für das heutige Stadtviertel beiderseits der Eschersheimer Landstraße zwischen Miquel-Adickes-Allee und Hügelstraße. Tatsächlich kennzeichneten ein paar Dornbüsche die Stelle, an der die Frankfurter Gemarkung mit der Bockenheimer, Ginnheimer und Eckenheimer zusammenstieß. Jene Gemarkungsecke, an der der uralte Diebsweg den Markbach (Marbach) und die Eschersheimer Landstraße kreuzte. Bis weit ins 19. Jahrhundert stand an diesen Stellen freies Feld, dessen Flurnamen längst vergessen sind. Die Immobilien wechselten häufig die Besitzer. Bis die Rothschilds große Flächen erwarben. Innerhalb Frankfurts hielten sich die Areale des Grünhofs, die schließlich nach Plänen von Ernst May 1928 zum „Haus der Jugend“ umgestaltet wurden. Gegen Ende des 19. Jahrhunderts gab es nördlich der gerade angelegten Miquelstraße außer einigen Höfen und dem neu erbauten Bertramshof nur eine „Wasenmeisterei“, eine Abdeckerei an der Eschersheimer Landstraße. Am Dornbusch waren damals nur vereinzelte Blumen- und Fliedergärtnereien zu finden. Erst nach der Eingemeindung der nördlichen Vororte Bockenheim (1895), Ginnheim und Eckenheim (1910) kümmerte sich die Stadtplanung um Oberbürgermeister Adickes um die Areale Am Dornbusch. Nach den Plänen von Ernst May entstanden 1930 die flachgedeckten Siedlungen an der Raimundstraße und Miquelallee, Vorläufer der Großsiedlungen der Nachkriegszeit. Nach dem Zweiten Weltkrieg wurde das Dornbuschgebiet zu dem, was es heute ist.

Maulbeerbaum (weiß)

Morus alba L.

Liebfrauenschule, Mutter Ajas Grab

Pflanzjahr **1910** Höhe **8 m** Kronendurchmesser **12 m** Stammumfang **2,64 m**

142 **Dendrologisches:** Die weiße Maulbeere sticht durch ihren überhängenden Wuchs und das stark glänzende Laub ins Auge. Der milchsaftführende Baum hat sehr variable Blätter. Die brombeerartigen, essbaren Früchte sind weiß – mitunter dunkelrot bis schwarz – und von fadem Geschmack.

Am 1. Juli 1808 schreibt Goethes Mutter ihren letzten Brief an ihren Sohn in Wei- 143
mar, bevor sie im September stirbt: „Lieber Sohn [...] In dieser Jahres Zeit ist Franckfurth mit Frembten immer gepropft voll es ist wie eine Volcksauswanderung so gar von Norwegen kommen sie, und alle sind erstaunt über die Schönheit in Franckfurth besonders aber außer der Stadt – die alten Wälle sind abgetragen die alten Thore eingerißen um die gantze Stadt ein Parck man glaubt es sei Feerey – man weiß gar nicht mehr wie es sonst ausgesehen hat – unsere alte Perücken hätten sowas bis zum Jüngsten Tag nicht zuwege gebracht – bei dem kleinsten Sonnenblick sind die Menschen ohne Zahl vor den Thoren Christen – Juden – pele mele alles durcheinander in der schönsten Ordnung es ist der rührenste Anblick den man mit Augen sehen kann – und das ist und wird alles ohne Unkosten gemacht – die Plätze der alten Stadt Mauren-Wälle werden an hisige Bürger verkauft – da nimbt der eine viel der andre weniger jeder baut nach Hertzens Lust – einer macht einen Bleichgarten – der andre einen Bleichgarten u.s.d. das sieht denn schamant aus – und hirmit Basta.“

Frau Aja unterm Maulbeerbaum
von F. W. Bernstein

Wenn Frau Aja aufersteht –
Goethes Mutter! – Ja, es geht
hier in meinem Gedicht.
Vor zweihundert Jahren fuhr sie hinab
In das Textorfamiliengrab –
Dort geht es nicht.

Auf, Frau Aja! – Aufgestanden!
Da – schon ist sie hier vorhanden;
Unter diesem Maulbeerbaum.
Der gehört zur Morus-Gattung,
wuchs noch nicht bei Ihrer Bestattung,
Doch jetzt braucht er Raum.

Abgestützt mit dicken, langen
Maulbeerabstützeisenstangen:
Morus alba – die weiße Art.
Im Liebfrauenschulhof ragt er, beschädigt;
doch noch lange nicht erledigt –
bis zu Frau Ajas Himmelfahrt.

Maulbeerbaum (schwarz)

Morus nigra L.

Höchster Schlossgarten

Pflanzjahr **um 1910** Höhe **7 m** Kronendurchmesser **10 m** Stammumfang **2,00 m**

Dendrologisches: Früher wurde diese Gattung gewerblich angebaut um für Seidenspinnerraupen Futter zu gewinnen.
Aus dem Heimatland der Seide, China, stammen die Maulbeerbäume, deren Brombeerähnliche Früchte auch essbar sind. – 1540 aus Westasien (Kaukasus).

Es ist so schwierig für eine Sache zu kämpfen, die eigentlich, wenn es um Lebensqualität ginge, gar nicht in Frage stünde. Wie öfters in Frankfurt und anderswo, gibt es im Westen von Höchst (Leunastraße) eine Bebauungslücke mit schönen alten Bäumen: Eine 100-jährige Buche, drei 80-jährige Kastanien, zwei Eschen und vier Linden ebenso alt: Diese Bäume sind zum Teil höher als die umstehenden Häuser. Klar, der Investor will verdienen, je mehr zugebaut, umso mehr Mieten, die Nachbarn wissen, was sie an den Bäumen haben.

Gedicht zur Rettung einer Platane
in der Fürstenberger Straße 10

Nicht weit vom Schlößchen mit dem Park,
wo ich zur Post und öfters park,
um Postsendungen aufzugeben,
die andrer Leute Stimmung heben,

schräg gegenüber wird gebaut,
der Vorgarten total versaut,
doch darin steht sehr schön und groß
eine Platane, ganz famos.

Ist über 100 Jahre alt,
gesund und prächtig dergestalt,
daß so mancher staunt und schaut,
wie's den Wissenden erbaut.

Eigentlich wär's selbstverständlich,
daß dieser Baum schier unabwendlich
weiter wächst und weiter grünt,
dem Nutzen und der Freude dient.

Wär da nicht ein Consultant,
ein Immobilienspekulant
von der Sorte Raff-Gier-Schlund,
er heißt gereimt hier Harry Hund.

Dieser Hund hat nicht nur Massen
Wasser hier so fließen lassen,
um kaputte Bausubstanz
zu ham für seine Pläne ganz.

Den Märchen-Mond-Magnolienbaum
hat er einfach umgehaun …
aus einer Art von Geld-Gier-Glück
schreckt der Herr vor nichts zurück.

Es gilt, den Hund mal anzupissen,
auch die Ämter sollen wissen,
daß nicht immer bleibt es still,
wenn Dummheit macht, was sie so will!

Ohne Wenn und ohne Aber,
ohne Kompromiß-Gelaber,
was auch immer mag gescheh'n:
DIE PLATANE, DIE BLEIBT STEH'N!
Basta!

Götterbaumblättriger Nussbaum

Juglans ailantifolia

Sulzbachtal

Pflanzjahr **1960** Höhe **15 m** Kronendurchmesser **15 m** Stammumfang **1,41 m**

 Dendrologisches: Fast schon mit dem Götterbaum (Ailantus altissima, siehe Seite 98) zu verwechseln ist dieser selten angepflanzte Nussbaum.

Der Begriff „Nachhaltigkeit" stammt, wie es sich inzwischen rumgesprochen hat, aus dem Forstwesen: Der hessische Forstmann Georg Ludwig Hartig (1764–1837) hat ihn formuliert und zwar 1804 in der zweiten Auflage seines Buches *Ausweisung zur Taxation der Forste oder zur Bestimmung des Holzertrags der Wälder*.
„[...] denn es läßt sich keine dauerhafte Forstwirtschaft denken und erwarten, wenn die Holzabgabe aus den Wäldern nicht auf Nachhaltigkeit berechnet ist. Jede weise Forstdirektion muß daher die Waldungen des Staates ohne Zeitverlust taxieren lassen und sie zwar so hoch als möglich, doch so zu benutzen suchen, daß die Nachkommenschaft wenigstens ebenso viel Vorteil daraus ziehen kann, als sich die jetzige Generation zueignet."
Die Forstleute um 1800 wussten sehr genau, dass man nur nehmen kann, was auch nachwächst, bzw. die Gier nach Macht und Geld die Bäume nicht schneller wachsen lässt. Das Phänomen dieses Raubbaus ist bekanntlich älter und überall auf der Welt schon reichlich praktiziert worden: Ob die Zedern im Kaukasus für Tempel- und Prachtbauten, die Eichen in Venedig und England für die Machtflotten bis zur heutigen Zerstörung des Regenwaldes in Brasilien. Der Engländer John Evelyn (1620–1706) hat bereits in seinem 1662 erschienenen Werk Sylva auf den unverantwortlichen Wahn der Zerstörung des eigenen Lebensraums hingewiesen. Er hielt einen Vortrag vor der Royal Society, der war so nachhaltig, dass er noch nach hundert Jahren gedruckt wurde. Es würde zu viel Platz in Anspruch nehmen, das Buch von Ulrich Gruber *Die Entdeckung der Nachhaltigkeit, Kulturgeschichte eines Begriffs* in all seiner Gründlichkeit zu referieren, ich kann es hiermit nur empfehlen. Auf seiner Seite 75 steht zum Beispiel:
„Decartes' Philosophie sieht den einzelnen rationalen Menschen zum Herren und Besitzer – dann auch Bewahrer – der Natur aufsteigen. Spinoza feiert die Multitudo, die freie Assoziation von Menschen, die sich im Einklang mit der Natur, auch ihrer eigenen Natur, entfalten. Zwischen diesen beiden Polen oszilliert das Nachhaltigkeitsdenken, das sich in der Frühaufklärung herausbildet. Zwischen diesen beiden Polen bewegt es sich bis heute."

Juglans mandschurica

Mandschurische Walnuss

Höchster Stadtpark

Pflanzjahr **2004** Höhe **4 m** Kronendurchmesser **3 m** Stammumfang **0,35 m**

148 **Dendrologisches:** Aus der Mandschurei, Grenzgebiet zu China, stammt dieser eher strauchartige Baum dessen Früchte auch essbar sind. In Europa ist er eine Seltenheit. Die Blätter sind mit fast 90 cm auffallend groß. Die Früchte sind länglich bis eiförmig. – Nach 1840 aus Nordostasien.

Carl Theodor Reifenstein (1820–1893) hat als „malender Poet" das für ihn alte 149
Frankfurt festgehalten in zarten lichtgetränkten Aquarellen. 1692 Bilder mit 2600 Textseiten hat die Stadt 1876 gegen eine Leibrente erworben und so den zurückgezogenen, liebenswerten Chronisten geehrt. Als Frankfurter Bub in der Altstadt großgeworden, sollte er eigentlich das väterliche Wirtshaus übernehmen, aber schon früh zeigte sich sein zeichnerisches Talent, mit 13 Jahren trat er in die Städelschule ein. Seine Lehrer waren Hessemer, Schmidt von der Launitz und Becker für Architektur, Anatomie und Landschaftsmalerei. – Zwei „Nussbaumstellen" habe ich bei ihm gefunden:

„**22. Mai 1827, Weißer Hirsch** [heute Frankfurter Hof]: ... Heute, nachdem sämtliche Bauten bis auf den Grund niedergerissen waren, wurde der schöne Nußbaum, der im Hof stand und alles um sich herum hatte fallen sehen, gemordet. Es war ein betrübender Eindruck, den kräftigen Baum in vollem Laubschmuck am Boden liegen und seine Glieder zerhauen zu sehen."

und

„**6. Juli 1877, Holzmagazin, Sachsenhausen:** Von außen ist dieser Turm noch mit am besten erhalten, von einem prachtvollen Nußbaum beschattet, durch dessen beinahe bis zum Boden des Walles herabhängendes Laub man den Pfarrturm und einen Teil der Brücke erblickt."

Schwarznuss

Juglans nigra L.

Friedberger Anlage, Rinz-Denkmal

Pflanzjahr **1930** Höhe **24 m** Kronendurchmesser **15 m** Stammumfang **3,20 m**

150 **Dendrologisches:** Deutlich höher als die bekannte Walnuss, wird die Schwarznuss bis 30 m hoch. Das Blatt ist spitzer und die Fruchtschale deutlich härter. Die Borke ist wesentlich dunkler, fast schwarz. – Nach 1680 aus Nordamerika.

Sebastian Rinz ist mit Fug und Recht als der erste „Grüne" Frankfurts zu bezeichnen. 151 Der Stadtgärtner prägte zu Beginn des 19. Jahrhunderts das Aussehen der freien Reichsstadt entscheidend. Goethes Mutter fasst es zusammen, als sie 1808 an ihren Sohn Johann Wolfgang nach Weimar schrieb: „Die alten Wälle sind abgetragen, die alten Tore eingerissen, um die ganze Stadt ein Park, man glaubt, es sei Feerey." – Sein Lebenswerk besteht in der Umwandlung der Frankfurter Stadtbefestigung in einen Alleenring. Gelernt hatte er (1782–1861) am Schloss Schleißheim/ München. Danach bekam er Anstellung in der nach englischem Vorbild gestalteten Parkanlage Schönbusch/Aschaffenburg als Assistent des Hofgärtners Franz Ludwig Bode. Der empfahl Rinz als Landschaftsgärtner nach Frankfurt. Da er nur über begrenzte Mittel verfügte, organisierte er Spenden aus Privatgärten, ließ Bäume und Sträucher aus dem Stadtwald und dem nahen Taunus entnehmen und bekam Zierpflanzen aus den Gärten des Mainzer Hofgartens sowie des Klosters zu Seligenstadt. Als die Anlage zwischen Bockenheimer und Friedberger Tor am 31.12.1806 fertig war, kehrte er zunächst nach Aschaffenburg zurück, nahm jedoch 1807 den Fortbau des Anlagenrings wieder auf und schloss den Grüngürtel entlang der alten Befestigung um die Stadt: Eschenheimer Tor bis Eckenheimer Landstaße 1807, Eschenheimer und Friedberger Anlage bis Sandweg 1808/1809, Untermainanlage und Friedberger Anlage 1811 und Obermainanlage 1812. – 1813 verwüsteten französische Truppen die Grünanlagen. Rinz erneuerte die Anpflanzungen 1814 und 1815. Die Stadt dankte Rinz, indem sie ihn im Juni 1808 zum Stadtgärtner ernannte, der er bis zu seinem Tode war. Nachdem er den Platz für sein Grab auf dem Hauptfriedhof bestimmt hatte (nahe Südeingang), pflanzte er daneben eine Libanon-Zeder.

Walnuss

Juglans regia

Alt Eschersheim, Wöhlerhaus

Pflanzjahr **1920** Höhe **12 m** Kronendurchmesser **15 m** Stammumfang **2,20 m**

152 **Dendrologisches:** Der gradschäftige bis zu 25 m hohe Baum hat im Laufe der Entwicklung außerordentlich viele Varietäten hervorgebracht, die sich durch Wuchs, Anzahl und Form der Früchte unterscheiden. Der sommergrüne Baum mit wechselständigen unpaarig gefiederten Blättern hat bei einem Längsschnitt des Triebes ein gekammertes Mark. Das Einzelblatt ist ganzrandig, das Endblatt weit größer als die Seitenblätter. Gerade in der Blattform lassen sich erhebliche Unterschiede feststellen.

Der einhäusige Baum entwickelt seine Blüten vor dem Blattaustrieb. Die männlichen Blüten, die so genannten Staubblüten, befinden sich in hängender Kätzchenform am alten Holz, die weiblichen, Stempelblüten genannt, sitzen endständig an der Spitze von Jungtrieben. Seine Rinde ist grau, erst im Alter rissig. Das gemaserte Holz gehört mit zu den wertvollsten Hölzern in der Möbelindustrie. Die Früchte, Steinkern, sind fett-, eiweiß- und vitaminhaltig.

August Anton Wöhler hat große Spuren in Frankfurt hinterlassen. Der einstige 153
Stallmeister wirkte vor allem in der 1816 gegründeten „Ffm.ischen Gesellschaft zur Beförderung nützlicher Künste und deren Hilfswissenschaften“, der späteren Polytechnischen Gesellschaft. Die Ziele der Gesellschaft stimmten mit jenen von Wöhler überein: Förderung innovativer Ideen auf technischem, ökonomischem und naturwissenschaftlichem Gebiet zum allgemeinen Nutzen. 1821 wurde Wöhler zum Präsidenten der Gesellschaft gewählt. In den drei Jahrzehnten von Wöhlers Amtszeit entwickelte sich die Gesellschaft zu einer zentralen gemeinnützigen Institution von Frankfurt. Die zur Gesellschaft gehörende Sonntagsschule gilt als Beginn des Frankfurter Berufsschulwesens. Außerdem geht die Gründung der Frankfurter Sparkasse von 1822 auf sie zurück. Sie ermöglichte Kleinsparern, ihr Geld sicher und gewinnbringend anzulegen. Die Gesellschaft versorgte zudem während des strengen Winters 1829/30 Notleidende mit einer Suppenküche im Katharinenkloster, gründete ein Heim für arbeitslose Dienstmädchen und errichtete 1837 eine „Blindenanstalt“, wo sehbehinderte Mitbürger Unterricht im Lesen und Schreiben mittels Blindenschrift erhielten. Heute trägt das Gymnasium am Dornbusch Wöhlers Namen, und eine Straße im Westend ist nach ihm benannt.

Olivenbaum

Stoltzeplatz

Olea europaea

Pflanzjahr **1904** Höhe **1,60 m** Kronendurchmesser **1 m** Stammumfang **1,00 m**

 Dendrologisches: Im Mittelmeerraum hat dieser allgemein bekannte Nutzbaum seine Heimat. Neben den Ölfrüchten ist auch das Holz wertvoll. – Bei uns ist der Olivenbaum nicht winterfest. Verwendbar als Kübelpflanze, die aber kühl überwintert werden muss (bis 5 Grad). – Kam mit den Römern aus Italien.

Das Bäumchen steht nun drei Jahre und ist winters nie in warme Räumlichkeiten gekommen.

Friedrich Philipp Stoltze kam 1800 aus dem Waldecker Land nach Frankfurt. In seinem Elternaus, dem Gasthaus „Zum Rebstock", machte er schon in jungen Jahren Erfahrungen mit den liberalen und demokratischen Strömungen des vormärzlichen Deutschland. Mit seinem Vater war Stoltze auf dem Hambacher Fest (1832), 1848 begeisterten ihn die deutsche Revolution und die Frankfurter Nationalversammlung. Eigentlich sollte Stoltze Kaufmann werden, aber er neigte eher der Poesie zu. 1838 besuchte er Paris und Lyon, wo er zum Stiftungsfest des deutschen Gesangsvereins das Bundeslied der Deutschen in Lyon dichtete, das Mendelssohn vertonte. Er arbeitete als Hauslehrer und Gelegenheitsdichter, bis er sich mit dem Maler und Karikaturisten Ernst Schalck anfreundete, mit dem er im Vormärz Theater spielte. Mit ihm gründete er die politisch-satirische Wochenschrift *Frankfurter Latern*. Sie erreichte mit ihren Hampelmanniaden (Verkörperung des Frankfurter Kleinbürgers) und den Dialogen zwischen Millerche und Berjerkapitän hohe Auflagen und wurde zeitweilig als preußenfeindlich verboten. Sie existierte aber bis 1893. Stoltzes patriotisch-volksnahe, gedankenreiche und sprachlich vollendete Dichtungen machten ihn nach Goethe zum berühmtesten Frankfurter. Von ihm stammt der bekannte Satz: „Es is kää Stadt uff der weite Welt, / die so merr wie mei Frankfort gefailt. / Un es will men net in mei Kopp enei, / Wie kann nor e Mensch net von Frankfort sei!" Stoltze starb 1891 im Alter von 75 Jahren und ist auf dem Frankfurter Hauptfriedhof begraben. In Sachsenhausen beim Äbbelwoi machte der Satz die Runde: „De Stoltze hat en gaanz annern Arsch in de Hoos gehabt als wie de Geede."

Osagedorn

Maclura pomnifera

Eschenheimer Anlage

Pflanzjahr **1940** Höhe **12 m** Kronendurchmesser **9 m** Stammumfang **2,00 m**

156 **Dendrologisches:** Wegen seiner stark bedornten Zweige wurde der Osagedorn in seinem Herkunftsgebiet Nordamerika zur Einfriedung von Viehweiden verwendet. Das harte, elastische Holz eignet sich zum Bogenbau. Seine eigentümliche orangenartige Frucht ist nicht essbar und nur an älteren, mindestens 15 Jahre zählenden weiblichen Bäumen zu finden wie zum Beispiel hier bei diesem Exemplar. – Nach 1830 aus Nordamerika.

Das Anton-Kirchner-Denkmal steht heute in der Eschenheimer Anlage am Scheffel- 157
eck. Dort steht geschrieben: „Dem Geschichtsschreiber seiner Vaterstadt errichtet von seinen dankbaren Mitbürgern." Das war am 14. Juli 1879 – zum 100. Geburtstag von Kirchner. Doch wer war er? Geboren wurde er 1779 in Frankfurt, wo er 1834 starb. Der studierte Theologe wirkte unter anderem als Lehrer an der Musterschule, predigte in der Heilig-Geist-Kirche, der St. Katharinen-Kirche und seit 1833 in der Paulskirche. Goethe hatte eine hohe Meinung von ihm. Kirchner war wesentlich an der Gestaltung des politischen Lebens in Frankfurt beteiligt. Er setzte sich für Reformen im Schulwesen ein, setzte die Aufhebung der Quartierschulen zugunsten von drei Volksschulen und einer Mittelschule durch. 1814 beteiligte er sich an der Errichtung des Landsturms und hielt am 18. Oktober 1815 die Erinnerungsrede an die Völkerschlacht bei Leipzig. 1816 bis 1817 war er Mitglied der gesetzgebenden Versammlung und forderte die Öffentlichkeit der Verhandlungen. Von 1801 bis 1811 leitete Kirchner das *Bürgerblatt.* 1810 erschienen die beiden ersten Teile seiner *Geschichte der Stadt Frankfurt.* Heute erinnert die Kirchner-Schule in Bornheim an den Sohn der Stadt. Wilhelm Hauff setzte ihm als Pastor Münster in den *Mitteilungen aus den Memoiren des Satans* ein literarisches Denkmal.

Aus einer Architektur-Fernsehsendung erfahre ich, dass der Gärtnereibesitzer Joseph Monier (1823–1906) ein neues Herstellungsverfahren für Blumenkübel suchte. Bei eingehender Betrachtung eines Pflanzenblattes kam er auf die Idee, analog zu den Blattadern ein Gerippe aus festen Stangen zu benutzen. So entstand das nach ihm benannte Moniereisen – die Bewehrung für den Stahlbeton. Es funktionierte auch deswegen, weil Beton und Stahl einen annähernd gleichen Ausdehnungsquotienten haben. – Das zweite Moment in der Sendung, das von Vorbildern der ersten Natur erzählte, war beim Bambus entliehen. Der Architekt Leonhardt hat für seine Fernsehturmkonstruktionen die Verfestigungen, die den Bambus in den Stengelabschnitten stabilisieren, die wir von außen nur als Ringe wahrnehmen, übernommen.

Trachycarpus fortunei

Hanfpalme

Nizza

Pflanzjahr **1984** Höhe **5 m** Kronendurchmesser **3 m** Stammumfang **0,59 m**

158 **Dendrologisches:** Eigentlich die einzige Palme die bei uns (mit Winterschutz) das ganze Jahr draußen bleiben kann. Sie stammt aus Asien und kann dort stattliche Höhen von bis zu 15 m erreichen. Aufgrund ihrer faserigen Blätter wird die Hanfpalme zur Fasergewinnung, ähnlich des Hanfes verwendet. – Nach 1850 aus Italien.

Mein Freund Hans Hermann Bödeker, Bruder des „Richard von Arabien“, hat mich 159
auf den so überschriebenen Artikel im *SPIEGEL* aufmerksam gemacht (42/2012). Dort lese ich, dass sein Bruder 77 Jahre alt und im Neandertal bei Düsseldorf zu Hause ist. Seit 1973, als Riad noch trocken und staubig und mit mehrspurigen Autobahnen überzogen war, hat er begonnen, mit zahlreichen tüchtigen Mitarbeitern, die Hauptstraßen unter die Erde zu verlegen und obenauf eine inzwischen üppige Oasen-Landschaft zu zaubern. Der bärbeißige Deutsche mit illustrem Backenbart ist in der ihm fremden muslimischen Welt anerkannt und bleibt zu Moral und Politik distanziert. „Für Politik habe ich keine Zeit.“ Seine Sache ist die erste Natur. Öffentliche Hinrichtungen stören ihn dabei wenig, auch in den USA würden Schwerverbrecher getötet. Andere Länder, andere Sitten – und inzwischen hat er Sohn Jens und Schwiegertochter Alexandra ins fremde Boot geholt. Gerne hätte ich gehabt, hätte er selber an dieser Stelle von seiner märchenhaften Wundertätigkeit berichtet, auch vom Tabubruch mit Abwässern der Hauptstadt weitgestreckte Täler ergrünen zu lassen. Er hat den Garten der Deutschen Botschaft gestaltet sowie das Diplomatenviertel, in den Grünanlagen der Stadt tummeln sich Kinder an Wasserspielplätzen, und er hat einen Beruf importiert: zahlreiche Gärtner pflegen das neue Grün. – Der Artikel endet mit großem Optimismus: Auf die Frage, wann die Grenzen des blühenden Wüstenstaates erreicht seien, antwortet Richard von Arabien: „Es gibt Pflanzen, die bilden Wurzeln bis zu 50 m Tiefe, da ist das Wasser.“ Und was die Ausdehnung betrifft, denkt er an die weiten Täler der Provinz Riad – ein Wüstengebiet größer als die Bundesrepublik.

Kanadische Pappel

Populus canadensis

Ludwig-Erhard-Anlage

Pflanzjahr **1910** Höhe **45 m** Kronendurchmesser **25 m** Stammumfang **3,20 m**

160 **Dendrologisches:** Sehr schnellwüchsig kann diese Pappelart Höhen bis 45 m erreichen. Das weiche Holz wird überwiegend zur Papierherstellung gewerblich genutzt. – Diese Pappel gilt als robusteste ihrer Art und verträgt auch trockenes Stadtklima. Das links vor dem Messeturm zu sehende Exemplar stand bis 2005.

Als der Messeturm 1990 fertig war, gab es sehr unterschiedliche Kommentare zum 161
Bau: Die einen lobten den Architekten Helmut Jahn, die anderen nörgelten über die leer stehenden Büroräume in Frankfurt, den Mietpreis (70 DM pro m^2) und die angeberische Imagepolitur. – Marcel Reich Ranicki sagte: „Der Turm ist mir gleichgültig, Odina Bott erklärte ihn zum Phallussymbol und Matthias Beltz fand ihn schön, er schaue wie King Kong in alle Straßen … Unter Oberbürgermeister Wallmann wurde

er nach längeren Finanzspekulationen endlich zugelassen und beschlossen; Brück machte den ersten Spatenstich (am 13. Juli 1988 bei heftigem Regen) und unter Hauff wurde Richtfest gefeiert. Im August 1989 ist er 167 m hoch, oben wird noch gebaut, unten schon eingezogen. Für die Holzverschalung der 58 000 m^3 verschalten Betons wurden 3 000 Bäume benötigt. Die vermietbare Fläche umfasst über 60 000 m^2 und bei stärkerem Sturm schwankt der Turm nur um 14 cm. – Der Architekt Helmut Jahn, 1940 in Nürnberg geboren als Sohn eines Sonderschullehrers, studierte in München und Illinois und lernt dort den letzten noch lebenden Bauhausarchitekten Mies van der Rohe kennen. Sein berühmtester Bau war bislang das *State of Illinois Center.* Auch der Messeturm hat etwas Klassisches bei dem erfolgreichen Versuch, Neues unserer Zeit mit traditionell Einfachem zu verbinden. Dagegen scheint mir das traurige Schleichen des Hammers vom *Hammering Man* von Jonathan Borovsky etwas unglücklich.
(Der oben kleiner abgebildete Baum – als Beispiel für die Verwachsungen der Pappeln – stand in der Nähe der Großmarkthalle, † 2007.)

Birkenpappel

Populus simonii

Friedberger Anlage

Pflanzjahr **1965** Höhe **22 m** Kronendurchmesser **12 m** Stammumfang **2,00 m**

162 **Dendrologisches:** Nicht mit der Birke verwandt, aber dem Habitus durchaus ähnlich durch die herabhängenden Zweige,fällt die frühaustreibende Birkenpappel auf. Mit 15 m ist sie eher eine kleinere Pappel.
In Peking ist sie einer der meistgepflanzten Bäume. – Unser Exemplar steht in der Friedberger Anlage, nahe dem Odeon.

Das Arboretum Main-Taunus zwischen Eschborn, Sulzbach und Schwalbach ist 163
76 Hektar groß (150 Fußballfelder); seit 1981 wurde hier begonnen, ein altes Flugplatzgelände weg zu sprengen und ein Gelände zu installieren, das mit Sinn und Verstand die hölzerne Flora der nördlichen Erdhalbkugel darstellt. Wer Zeit und Bereitschaft mitbringt, kann hier viel lernen und mit heiterer Gelassenheit spazieren gehen. Es gibt Streuobstwiesen, ein Feuchtbiotop, sogenannte Sukzessionsflächen (wo der Mensch nicht eingreift), einen geologischen Lehrpfad und eben die Waldgesellschaften: Westliches und nördliches Nordamerika, Asien und Europa, Kaukasus und Kleinasien. Dazwischen auch verschiedene Einzelbäume wie Magnolien, Ginkgo, Mammutbaum u.v.m., es ist im Werden, die einzelnen Bäume noch jung und noch keine Prachtexemplare. Dazu lädt Hessen-Forst zu Veranstaltungen mit weitgestreuten Themen, es geht um bestimmte Baumarten und ihre Erhaltung (z.B. Miniermotte), Wildkräuter, Geologie, Fledermäuse, Nachhaltigkeit, Baumholzversteigerungen und vieles andere.

Wer Interesse an solchen Veranstaltungen hat, der wende sich an das
Forstamt Königstein, Ölmühlweg 17, 61462 Königstein
Telefon: 06174 / 9286–0, E-Mail: ForstamtKoenigstein@forst.hessen.de.
Weitere Inforamtionen unter: www.forst.hessen.de

Select

Weißpappel

Populus alba L.

Eschersheimer Landstraße, Shell-Tankstelle

Pflanzjahr **1948** Höhe **14 m** Kronendurchmesser **9 m** Stammumfang **3,50 m**

164 **Dendrologisches:** Diese im Bild gezeigte Weißpappel wurde bereits aufgrund eines Pilzbefalles gefällt: Da Pappeln zu den Pioniergehölzen gehört, sind sie schnellwachsend, aber auch eher anfällig für Pilzbefall.
Typisch für die Weißpappel ist die weiß-graue Rinde und die weißbefilzten Blätter die dadurch einen interessanten Effekt haben wenn sie vom Wind bewegt werden.

Rousseau besaß eine recht große Anzahl botanischer Werke. In seinem Brief an Carl 165
von Linné aus Paris vom 21. September 1771 kommt die Bewunderung, die er für den großen Systematiker der Botanik hegt, aufs Lebhafteste zum Ausdruck:
„Empfangen Sie gütigst, verehrtester Herr, die Hochschätzung eines sehr unwissenden Schülers, der vielleicht der fleißigste unter ihnen ist. Er hat sich mit Freude in die Lektüre Ihrer Schriften vertieft, die ihm innere Ruhe vermittelt haben. [...] Allein mit der Natur und Ihnen, verbringe ich auf meinen einsamen Spaziergängen Augenblicke ungetrübter Heiterkeit und der Gewinn aus Ihrem Werk Philosophia Botanica ist größer, tiefer und wahrer als aus allen anderen Büchern über Menschentugenden und Moral. Es hat mich gefreut zu vernehmen, dass ich kein Unbekannter für Sie bin, und dass Sie mir sogar einige Ihrer Schriften zukommen lassen. Ich versichere Sie, verehrtester Herr, diese Ihre Arbeiten werden zu meiner Lieblingslektüre gehören, und meine Freude wird noch größer sein, weil ich sie aus Ihren Händen empfangen habe. Altgeworden, macht mir das Sammeln von allerlei Sämereien und Früchten ein kindliches Vergnügen. Falls sich in Ihrer Samensammlung Kostbarkeiten befinden sollten, die für Sie wertlos geworden sind, möchte ich Sie bitten, an mich zu denken. [...]
Leben Sie wohl, Herr von Linné, fahren Sie damit fort, uns Menschen das Buch der Natur aufzuschließen und zu erklären. Mit Ihrer Hilfe werde ich noch einige Worte mehr auf den Blattseiten des Pflanzenreichs entziffern lernen. Ich lese Sie, ich studiere Sie, ich denke über Sie nach, ich verehre Sie und liebe Sie von ganzem Herzen.“

Parrotie „Eisenholzbaum“

Parrotia persica

Nizza

Pflanzjahr **1950** Höhe **23 m** Kronendurchmesser **19 m** **mehrstämmig**

166 **Dendrologisches:** Dieser aus dem vorderen Asien (Persien) stammende Großstrauch bis kleine Baum erreicht bei uns eine Höhe von 6 bis 10 m. Sehr dekorativ ist die vielfarbige, oft abblätternde Borke im Alter. Im Herbst fällt der Eisenholzbaum durch seine langanhaltende gelb-rote Herbstfärbung auf. Der deutsche Name „Eisenholz" rührt von der Schwere des Holzes her, das im Wasser untergeht. Der Name „Parrotie" geht auf den deutschen Arzt und Botaniker Friedrich W. Parrot (1792–1841) zurück. – Dieser Baum steht im Nizza, in der Nähe des Aufgangs zum Holbeinsteg.

Erinnerung an Max Backmann 167

Ich sehe ihn noch vor mir, wie ich ihn in freundschaftlichen Begegnungen antraf – damals, 1924 ... Es ging auf Mitternacht. Ich wußte, wo ich ihn finden würde: in jenem leeren Saal des Restaurants im Frankfurter Hauptbahnhof, unter dem unbarmherzigen Weiß elektrischer Lampen, mit seiner Sektflasche und seiner Brasilzigarre ganz allein. Da saß er, breitschultrig, schwer, abwesend, nachdenklich, das Imaginäre, nein, das virtuelle Wirkliche scharf beobachtend, als hätte es Kanten; da lehnt er blaß, in einem kalten Fieber fixiert, an der Stirne Schweißperlen wie ein erschöpfter Träger, der seine Last beiseite geworfen hätte; mit den Gewittern nervöser Reflexe auf dem zugleich sensiblen und athletischen Gesicht. So war der Mann, der tagsüber in seinem Atelier verborgen steckte, dort oben über der Schweizerstraße, ob der Ecke zum Mainkai, unweit des „Städel“, das den von seinem Auge und Geist geliebten Altar des älteren Holbein aus der Frankfurter Dominikanerkirche enthielt. So sah er aus – er, der nicht so sehr eine Vision des Frankfurter Dorns oder des Römerbergs malen mochte, als vielmehr die technische Grimasse des Eisernen Stegs über dem milde strömenden Fluß und unter der goldsilbernen Atmosphäre des Westens. Er sah die Verbindlichkeit dieser Atmosphäre nicht – sah diese süße Luft nicht mehr. Sie hatte früheren Generationen gehört. Er fühlte sich anders verpflichtet. Er fühlte sich von ihr ausgeschlossen. Niemals habe ich einen so einsamen Menschen erlebt. Wahrhaftig, ihn kann man nicht nachahmen wollen. *Wilhelm Hausenstein, 1946*

Platane (ahornblättrig) / Platane (mit eingewachsenem Gitter)
Platanus x acerifolia (auch: x hispanica)
Nebbiensches Gartenhaus

Pflanzjahr **1820** Höhe **28 m** Kronendurchmesser **20 m** Stammumfang **6,40 m**

168 **Dendrologisches:** Die Platane ist ein großer, schnellwüchstiger Straßen- und Parkbaum der bei guten Standortbedingungen bis 50 m Höhe erreichen kann und eine ebensolche Kronenbreite ist möglich. Der Artname „acerifolia" deutet auf das ahornähnliche Blatt hin, welches allerdings eine weißfilzige Unterseite hat. Im Alter ist die Platane an der großflächig abblätternden Borke gut zu erkennen. Da diese Gattung sehr schnittverträglich ist, wird die Platane gerne als Kopfbaum geschnitten, wie zum Beispiel am Frankfurter Mainufer zu sehen ist.
Hiesiges Exemplar steht beim Nebbienschen Gartenhaus in der Eschenheimer Anlage auf Höhe des ehemligen innerstädtischen Hallenbades, heute Hilton-Hotel. – Das Exemplar im Bild unten steht mit seinen eingewachsenen Gitterstäben am Untermainkai.

Das Nebbiensche Gartenhaus ist als einziges seiner Art in den Wallanlagen erhalten 169
und dient dem *Frankfurter Künstlerclub* als Ausstellungsort. Dort ist auch ein Bildnis von Markus Johannes Nebbien im Kreise seiner Familie zu sehen. Nebbien betrieb zunächst ein Kolonialwarengeschäft in Kopenhagen. Vermutlich in den frühen 1780er Jahren besuchte er die Frankfurter Messe und lernte in Frankfurt seine spätere Frau kennen. Er verlegte seine Geschäfte nach Frankfurt. Seine Frau war Miterbin einer Inseratenzeitung, so dass Nebbien ins Verlagsgeschäft einstieg. 1806 endete mit dem Alten Reich auch das kaiserliche Privileg für das Anzeigenblatt. Nebbien gelang es aber sein Frankfurter Intelligenzblatt auch unter Dallberg weiterzuführen. Als die Franzosen 1810 alle Zeitungen verboten, durfte das Blättchen wegen seines unpolitischen Charakters weitergeführt werden. Von seinem Vermögen kaufte sich Nebbien in den neuangelegten Wallanlagen ein Grundstück. Dort ließ er sich ein Wohnhaus und ein Gartenhaus errichten. Das Haus, der so genannte Wachtelkäfig wurde 1944 zerstört, das Gartenhaus blieb erhalten – als einziges Häuschen, das von dem klassizistischen Architekten Salin de Montfort entworfen wurde. Der musste vor der Revolution in Paris entfliehen, er hat auch große Paläste in Frankfurt bauen lassen, die aber alle zerstört wurden.

Robinia pseudoacacia L.

Robinie / Scheinakazie

Höchster Stadtpark

Pflanzjahr **1927** Höhe **20 m** Kronendurchmesser **13 m** Stammumfang **3,20 m**

Dendrologisches: Die Robinie hat eine tief längsgefurchte grau-bräunliche Rinde und ist häufig verwildert anzutreffen. Ihre weißen duftenden Schmetterlingsblüten (Bienenweide) im Juni und ihre unpaarig gefiederten und wechselständigen Blätter an verdornten Trieben lassen unschwer die Verwandtschaft mit den Schmetterlingsblütlern erkennen. Außer der typischen Blüte sind es die Hülsenfrüchte, die selbst im Winter noch die Robinien mit Sicherheit feststellen lassen.
Durch stattlichen Wuchs zeichnet sich eine Scheinakazie aus, die hohe Lichtansprüche stellt und sich mit ihrem frischgrünen Laub, starken Stockausschlägen und einer unregelmäßig längsfurchigen Borke von anderen Stämmen wesentlich unterscheidet. – Nach 1620 aus Nordamerika.

Die Robinie heißt nach Jean Robin (1550–1629), einem Hofgärtner Franz I. in Paris. Das Brachland zwischen Höchst und Sossenheim hieß mal „Allmey“. 1803 teilte die nassauische Regierung das „Alles-mein-Gebiet“ nach Einwohnerzahl auf, doch das Streiten hielt bis ins 20. Jahrhundert an. 1911 ließ der Höchster Bürgermeister Viktor Palleske den Park im einstigen Sumpfgebiet anlegen und der wurde deswegen auch bis in die 60er Jahre Palleske-Park genannt. Neben den 1000 Bäumen, wie man in Höchst stolz sagt, stellte er unter einer Rotbuche einen Stein, auf dem steht:

Planz' einen Baum,
und kannst Du auch nicht ahnen,
wer einst in seinem Schatten tanzt.
Bedenke Mensch, es haben Deine Ahnen,
eh sie Dich kannten, auch für Dich gepflanzt.

In Nachkriegs-Notzeiten des Zweiten Weltkriegs wurde hier wie im Ostpark und anderen freien Grünflächen Kohl und anderes Gemüse angebaut. Ein Lokal am Weiher wurde geschlossen, weil es mehrfach von US-Soldaten demoliert worden war. Heute erfreut sich das 21 Hektar umfassende Stadtpark-Gelände mit inzwischen altem ehrwürdigem Baumbestand großer Beliebtheit.

Seidenakazie

Albizia julibrissin

Palmengarten

Pflanzjahr **1950** Höhe **8 m** Kronendurchmesser **10 m** Stammumfang **je 0,85 m**

172 **Dendrologisches:** Die Albizia gedeiht bei uns nur an sehr gut geschützten Standorten da sie keine starken Fröste verträgt. Sie ist mit der Mimose verwandt und klappt nachts ihre Blätter zusammen um weniger Feuchtigkeit zu verdunsten, woraus auch der volkstämliche Name „Schlafbaum" entstand. Asien ist ihre Heimat. Sie bildet einen kleinen bis mittleren Baum mit einer Schirmform aus.

„Die Geschichte der Lust" ***von Ekkehart und Gernot Rotter*** 173

Al-'Uzza war eine Satanin, die zu drei Akazien im Wadi von Nakhla zu kommen pflegte. Nachdem der Prophet Mekka erobert hatte, befahl er dem Khalid ibn al-Walid: „Ziehe zum Wadi Nakhla. Du wirst dort drei Akazien finden. Schlage die erste um!"

Khalid tat, wie ihm geheißen. Als er zum Propheten zurückkam, fragte dieser: „Hast du was bemerkt?" Als Khalid verneinte, sagte der Prophet: „So schlage die zweite um!"

Wieder tat Khalid, wie ihm befohlen, und kehrte zum Propheten zurück. „Hast du nun etwas bemerkt?", fragte ihn erneut der Prophet. „Nein", erwiderte Khalid, worauf der Prophet ihm auftrug: „So schlage die dritte um!"

Als Khalid zu der Akazie kam, sah er sich einer Äthiopierin gegenüber, die ihr Haar aufgelöst und die Hände auf ihre Schultern gelegt hatte und mit den Zähnen knirschte. Hinter ihr stand Dubaiya vom Stamme Sulaim, ihr Priester. Als Khalid blickte, sprach er: „O 'Uzza, greife Khalid ohne Zögern an, wirf den Schleier ab und schürze dich, denn wenn du Khalid heute nicht erledigst, wirst du baldigst Schmerzen erleiden: wehre dich!"

Darauf sagte Khalid: „O 'Uzza, gottlos seist du, nicht gepriesen! Ich sehe, daß Gott dich schon erniedrigt hat."

Und er schlug zu und spaltete ihr den Schädel. Und siehe da, sie war nur noch ein Häufchen Asche. Sodann fällte er den Baum und tötete Dubaiya, den Priester.

Als er zum Propheten zurückkam und ihm berichtet hatte, sagte dieser: „Das war nun Al-'Uzza. nach ihr werden die Araber keine al-'Uzza mehr haben. Von heute an wird sie keine Verehrung mehr genießen."

Sophora japonica

Schnurbaum

Bethmannpark

Pflanzjahr **1820** Höhe **25 m** Kronendurchmesser **22 m** Stammumfang **4,70 m**

Dendrologisches: China, Korea und Japan sind die Heimat des japanischen Schnurbaumes. Da er bei uns eine Höhe von 25 m erreichen kann, ist er oft in großen Parkanlagen zu finden. Erkennungsmerkmal ist die dunkelgrüne Rinde bei jungen Trieben. Die gelblich-weißen Schmetterlingsblüten schmücken den japanischen Schnurbaum im Juli/August in 20 cm langen Trauben und bilden einen schönen Kontrast zum dunkelgrünen Laub.
Der Name „Schnurbaum" leitet sich von den wie auf einer Schnur aufgereihten Früchten her. – Nach 1750 aus China.

Simon Moritz von Bethmann, mit diesem Namen verbinden vor allem Frankfurter Bürger gleich Mehreres: Eine einflussreiche Familie, die sich um die Stadt verdient gemacht hat, ein Bankhaus, das köstliche Marzipangebäck und natürlich den nach der Familie benannten Bethmann-Park am Anfang der Bergerstraße. Die aus Goslar stammende Familie kam im 18. Jahrhundert nach Frankfurt. Als der 25-jährige Simon Moritz 1793 die Verantwortung für das Bankgeschäft übernahm, hatte das Institut schon einen gefestigten guten Ruf. Trotz der napoleonischen Kriege schaffte er es, das Vermögen der Firma zu vergrößern. Denn er vermochte es, die Blüte im Staatsanleihengeschäft auszunutzen. Neben dem Hause Rothschild entwickelte sich das Haus Bethmann zum führenden Financier der deutschen und europäischen Fürstenhäuser. Nicht nur das. Bethmann engagierte sich auch auf diplomatischem Parkett. Unter anderem erwirkte er 1801 in Paris die Begrenzung französischer Geldforderungen aus den Besatzungsjahren 1792, 1796 und 1799. Seinem diplomatischen Geschick soll es mit zu danken sein, dass die in Leipzig geschlagene, über Frankfurt zurückkommende französische Armee die Stadt mit Plünderungen verschonte. Auf wirtschaftlichem Gebiet versuchte er das damals verworrene Münz-, Geld- und Kreditwesen zu reformieren. Außerdem kämpfte er zeitlebens für die Abschaffung unsinniger Binnenzölle. Als Mäzen ermöglichte er durch großzügige Spenden unter anderem die Errichtung der Stadtbibliothek an der Obermainanlage und die Entwicklung des Frankfurter Theaters.

Speierling

Sorbus domestica L.

Sulzbachtal

Pflanzjahr **1927** Höhe **16 m** Kronendurchmesser **10 m** Stammumfang **2,40 m**

Dendrologisches: Da Sorbus domestica seit alters her, wegen seiner begehrten Früchte ein beliebter Kulturbaum ist, und vielerorts gepflanzt wurde, sind seine ursprünglichen Verbreitungsgebiete schwer abzugrenzen. Die je nach Typ apfel- bis birnenartigen 3 bis 4 cm großen, herbsaueren Früchte finden gerne Verwendung bei Apfel- und Birnenmostereien. Häufig findet man den Speierling in der Nähe von alten Streuobstwiesen, bis zu 20 m hoch. – Dieser Baum steht im Sulzbachtal im Vortaunus, das so schön renaturiert worden ist, dass man dort ohne weitere Ausstattung einen Heimatfilm drehen könnte.

Freunde, die aus dem Mittelmeerbereich kommen, haben große Schwierigkeiten mit dem „Äbbelwoi“: Es entgleiten die Gesichtszüge, und Erinnerungen an aceto oder vinaigre (Essig) steigen auf. Auch Leo Graf Lanckoroúski, ein durchaus gebildeter Herr, konnte sich nicht daran gewöhnen: „Der Apfelwein, dieser Jungbronn des Frankfurters, ist mir in seiner Säure, welche im Gegensatz zu der des Apfelmuses unsauber anmutet und an das säuerliche Sekret des Magens erinnert, in tiefster Seele zuwider. Ich weiß, dass ich mit dieser Bekenntnis die Verachtung meiner lieben Mitbürger auf mich lade, aber die Wahrheit fordert bitteren Zoll. [...] Beelzebub selbst aber, der oberste aller Teufel hat seine Hand im Spiele, wenn man eine Apfelweinbowle aus Zitronen serviert: Dann schlage ein Kreuz und fliehe, wenn dir dein Leben lieb ist, denn diesem hundsföttischen Gesöff ist nur ein Magen aus Wellblech gewachsen.“

In Sachsenhausen beim „Äbbelwoi“ würde man ihn wahrscheinlich als ahnungslosen „Fulder“ abtun. Apropos Äpfelwein – ein Freund erzählt folgende Geschichte:

Er hat 5/6 Speierlingsbäume auf seiner Wiese von Natur-Unbill befreit (Brennesseln, Brombeeren u.a.) und erntet jährlich. Immerhin bringen die Bäume bei guter Ernte 5 bis 6 Zentner, ein schönes Zubrot (für einen Zentner gibt’s 50 Euro). Wie alle Jahre wieder testet er mit der Stange, wie reif die Äpfel sind und kommt zu dem Ergebnis, es ist noch ein wenig zu früh. Nach einer Woche will er ernten und muss feststellen, dass alle Äpfel geerntet sind, irgendwelche professionellen Diebe haben vorgegriffen. Sch...

(apfel- und birnenförmige) Speierlinge

Sorbus domestica L.

Ostpark, Schulgarten

Pflanzjahr **1917** Höhe **15 m** Kronendurchmesser **12 m** Stammumfang **0,85 m**

178 **Dendrologisches:** Die beiden Speierlinge stehen am Westeingang des Schulgartens am Ostpark. Erinnern, weil der Speierling für Tradition, Kult und Lobpreis des „Äbbelwois" eine wichtige Rolle spielt und das schon seit einem Jahrtausend. Es gibt dem regionalen Urgetränk einen markanten, säuerlich-bitteren Beigeschmack. Bis Ende des 19. Jahrhunderts war der Obstanbau lukrativ, dann verschaffte sich der industrielle Plantagenanbau ohne zweite Bodennutzung (Rasen, Korn, Gemüse, auch in den Weinbergen hatten Obstbäume gestanden) große Mengenerfolge. Heute hängt eher romantisch-nützliches an den Ästen der Streuobstwiesen: Blütenträume im Frühjahr, kiebitziges Naschen im Herbst, Erholungs- und Rückzugsmöglichkeiten für Menschen und Kleintiere. Natürlich kommen Klimastabilisierung, Luftreinigung, Bodenschutz – vor allem an Hanglagen – dazu.

Main-Äppel-Haus 179

Nach anfänglichen Schwierigkeiten konnte der eingetragene Verein Main-Äppel-Haus e.V. im Jahr 2005 den Beratungsgarten Lohrberg übernehmen und in Zusammenarbeit mit der Stadt eine neue phantasievolle Institution an den Lohrberg setzen.

Mit Liebe zum Detail wurden die alten Bauten renoviert, und man ließ sich Allerlei einfallen: Man nahm sich der Streuobstwiesen an, es finden lehrreiche Veranstaltungen in Sachen Garten-, Gemüse- und Obstanbau statt. Für die Kinder werden Spielmöglichkeiten eingerichtet, es gibt Lehrwanderungen in Sachen Flora und Fauna, man übt in Theorie und Praxis rund um Heilkräuter und Gaumenfreuden, im Äppel-Bistro gibt's Regionales, natürlich auch Grie Soß. Biotope, die auch der Tierwelt entgegenkommen, ein neues Bienenhaus, und unter anderen geht man der Fledermaus auf die Spur. Kurzum, ein angenehmer Aufenthaltsort, nicht zuletzt deswegen, weil die Leute wissen, was sie machen und kollegial miteinander umgehen.

Colorado-Tanne

Abies concolor

Rheinlandstraße 92, Schwanheim

Pflanzjahr **um 1925** Höhe **9 m** Kronendurchmesser **6 m** Stammumfang **2,20 m**

Dendrologisches: Aus der pazifischen Nordamerikaregion stammt die bis in Höhenlagen von 3400 m vorkommende Colorado-Tanne. Die langen Nadeln sind silbrig grau um auch hohe Sonneneinstrahlungen durch Reflektion zu verkraften. 1872 wurde diese Tannenart in Deutschland eingeführt, wo sie auch „Grautanne“ genannt wird.

Abitursaufsatz ***von Theodor W. Adorno***

Aber die Erkenntnisse, die die Natur dem Menschen übermittelt, bleiben nicht auf den Bereich des Nur-Erfahrunghaften beschränkt. Schon im Erfahrunghaften offenbaren sich durch den bloßen Ablauf der Naturgeschehnisse die Kausalgesetze: wenn Wolken am Himmel hängen, regnet es, wenn warmer Regen fällt, knospen die Pflanzen, das menschliche urteilende Bewußtsein greift über diese Erfahrungstatsachen hinaus, nachdem es ihren ursächlichen Zusammenhang aufgewiesen hat, und gelangt schließlich synthetisch zur Erkenntnis, daß ein ursächlicher Zusammenhang alles Naturgeschehen bedingt, daß die Natur nicht Chaos, sondern Kosmos ist.

Diese Erkenntnis ist entscheidend für die Gestaltung der Weltanschauung des Menschen. Sie zeigt, daß selbst im Unbewußten alles zweckhaft und sinnhaft geschieht, absolut zweckhaft, nicht unter dem Blickpunkte des Menschen. In den Verkettungen des Bewußten könnten wir zu dieser Erkenntnis kaum je gelangen, obwohl wir gerade dort sie vorauszusetzen pflegen, sondern würden in den Widersprüchen der bewußten Seele müde entsagen. Die Natur aber kann uns lehren: daß alles Dasein sinnvoll ist.

Durch Erholung kann die Natur das Ich zu sich zurückführen, durch Belehrung ihm die Welt als Kosmos, als ein sinnvolles Ganzes entgegenstellen. Und noch ein drittes vermag sie: sie kann den Menschen aus der Vereinzelung des Ichhaften in die sinnvolle Ganzheit, ins Kosmische emportragen, sie kann ihn erheben. Das Naturerlebnis vermittelt dem Menschen zunächst andere Größen- und Wertevorstellungen, als er sie im Bereich des Bewußten zu empfangen pflegt. Er, gewohnt, alle Dinge nach sich zu messen, sieht sich einer Welt gegenüber, die sich mit diesem Maße gar nicht messen läßt. Der Mensch, der in seinem Eigenleben immer wieder die Tragik des Gebundenseins im Endlichen erleben muß, darf in der Natur die Unendlichkeit erleben, das unendlich Große ebenso wie das unendlich Kleine. Die gleiche Fülle der Welt, der er seine gültigsten Erfahrungen dankt, führt ihn über das Begreifbare hinaus zum Unbegreifbaren und zwingt ihn zur Ehrfurcht. Und dieser Zwang ist der schönste: nur den Kleinlichen macht er klein, der Große wächst in seiner Ehrfurcht empor zum Unbegreifbaren, er ist, mit des Dichters Worten zu reden, ein Funke nur vom heiligen Feuer, ein Dröhnen nur der heiligen Stimme. *(Fortsetzung nächste Doppelseite.)*

THEODOR W. ADORNO
ARGARETE ADORNO
KARPLUS
JUNI 1902
16. JULI 1993
CALVELLI-ADORNO
1868
JUNI 1935

Edeltanne

Abies alba

Hauptfriedhof

Pflanzjahr **1920** Höhe **25 m** Kronendurchmesser **12 m** Stammumfang **2,20 m**

182 **Dendrologisches:** Im Deutschen auch Weißtanne. – Eine stattliche Tannenart, mit langen weichen Nadeln. Ihr fast weißes Holz wird gerne für die Möbelschreinerei verwendet. Über 30 m Höhe sind keine Seltenheit in forstlichen Kulturen.– Dieser Baum steht auf der Rückseite des Grabes von Theodor W. Adorno, Gewann K, 119.

Abitursaufsatz ***von Theodor W. Adorno*** *(Fortsetzung)* 183

Wäre die Natur sinnlos – dann freilich müßte sie das Ich zerschmettern. Aber die Erkenntnis hat sie als sinnvoll erwiesen. Und der ehrfürchtige Mensch kann in der Natur den Geist finden, weil er den Sinn finden muß. Der Geist ist in der Natur als Gesetz gestaltet: und so erlebt der Mensch das Gesetz, gegen das er in seinen Lebenskreisen stündlich sich auflehnen möchte, im Unbewußten wirkend, und eine Ahnung fällt in ihn, daß dies große Gesetz auch seiner Seele die Bahnen vorschreibt wie den Sternen. Dann weiß er sich eins mit den Sternen und allen unbewußten Dingen um ihn, die alle vom Geist-Gesetz voll sind und schwer wie Früchte an dem Baum: Gott. Und noch eines erhebt ihn, ein Wiederfinden: er, der die Seele im Bewußten verlor, findet sie wieder im Unbewußten. Das Irrationale hat er aus seinem Bereich verdrängt: nun sieht er es im Baum und hört es im Bach. Er muß feine Augen haben und feine Ohren: aber dann begegnen ihm leise und mit großen guten Augen all die heimlichen Dinge, die den feinen Maschen seines Begriffsnetzes entschlüpft waren. Darum ist die Natur von all dem Volk geliebt warden, das auf heimliche Dinge geht wie die Zigeuner auf Diebstahl, von Dichtern und Musikanten und Taugenichtsen, aber auch von denen, die ums Letzte und Heimlichste kämpfen mit dem wachen Mut verwegener Gedanken; sie haben alle die Natur geliebt, Goethe und Hölderlin, Schubert und Mahler, Eichendorff und Nietzsche und Maupassant; alle diese ungleichen Menschen haben sich verloren, um sich zu finden, sie haben ihre Seele gefunden, sie wurden erhoben in ihre Heimat. [...]

Denen aber, die Mut haben zum Leben, ist in unserer späten müden Zeit die Natur die letzte Wurzel der Kraft. In dem Naturerlebnis vollzieht sich die Gestaltung der Welt im Ich: eine gestaltete Welt geht in ein gestaltetes Ich sinnvoll ein, leuchtend im Abglanz des Göttlichen. Die Welt aber im Ich zu gestalten, ist der Sinn des Lebens. Nur durch die Gestaltung der Welt wird das Ich Persönlichkeit.

Dies Ziel zu erreichen, gibt uns die Natur den starken Auftrieb. Wir wollen ihr dankbar sein.

Nebrodensische Tanne

Abies nebrodensis

Palmengarten

Dendrologisches: Sehr seltener Baum, der letztlich nur im Norden Siziliens vorkommt, auch Sizilientanne genannt, eine Rarität.
Nach 1920 von dort in wenigen Exemplaren zu uns gekommen.

Zwischen dem 12. und dem 13. September 1944 brannte der Westflügel des Palmengarten Gesellschaftshauses während der Luftangriffe auf Frankfurt. Nach dem Zweiten Weltkrieg gehörte der Palmengarten von 1945 bis 1948 zum Sperrgebiet, das die amerikanische Besatzungsmacht im Westend eingerichtet hatte. Der städtischen Verwaltung wurde der Garten am 14. Juli 1953 wieder übergeben. Erst 1954 konnten die wesentlichen Kriegsschäden im Palmengarten beseitigt werden. Dabei wurden die verzierten Wände des Gesellschaftshauses mit einfachen Holzverschalungen verdeckt. In den 1980er Jahren wurden alte Gewächshäuser saniert und eine Reihe von neuen Schauhäusern errichtet, darunter das Tropicarium und das Subantarktishaus. Im Jahr 2002 wurde das Gesellschaftshaus wegen Baufälligkeit geschlossen. Im November 2005 genehmigte der Magistrat der Stadt den größten Teil der für die Wiederherstellung benötigten Mittel für eine grundlegende Renovierung von 2007 an. 2008 sollte das Gesellschaftshaus wieder eröffnet werden, die Arbeiten verzögerten sich jedoch aufgrund eines Rechtsstreites. Schließlich begannen die Renovierungsarbeiten im April 2009. Im September 2012 wurde das Gesellschaftshaus eröffnet, die Renovierungskosten beliefen sich auf knapp 40 Millionen Euro.

Taschentuchbaum

Davidia involucrata

Botanischer Garten

186 **Dendrologisches:** Die Heimat dieses eigentümlichen Baumes ist China. Seinen Namen verdankt der Taschentuchbaum seinen weißen Hochblättern (umgewandelte Laubblätter) die den Baum zur Blütezeit im Mai aussehen lassen, als wäre er über und über mit Taschentüchern behängt. Die eigentliche Blüte ist ein rötliches kugeliges Gebilde unterhalb der weißen Blätter. Allerdings benötigt ein junger Baum circa 10 Jahre, bis er das erste Mal blüht. – Der abgebildete Baum wurde 2007 durch einen jüngeren, doppelstämmigen ersetzt (Stammumfang 0,15 m und 0,12 m).

Loki Schmidt, die verstorbene Frau des Nikotin-Kanzlers Helmut Schmidt, hat ein 187
profundes und engagiertes Buch über die deutschen Botanischen Gärten herausgegeben (1997 bei Hoffmann & Campe). Neben jeweiligen Entstehungsgeschichten, Plänen und was es wo Besonderes gibt, sind schöne Bilder der siebzig Institutionen zu sehen. Die älteren entwickelten sich allesamt im Schatten einer Universität, als *hortus medicus*. Die ersten Botanischen Gärten entstanden in Norditalien: Pisa 1543, Padua und Florenz 1545. Leipzig hatte 1542 schon eine Genehmigung, von 1580 gibt es ein Dokument, das den Mathematikprofessor Moritz Steinmetz als ersten Direktor des Gartens nennt. Die Botanik lag damals noch fest im Bereich der Medizin: Ärzte, Apotheker und heilende Mönche kümmerten sich um Gesundheits- und Ernährungsfragen, die Botanik als Wissenschaft entstand erst im 18./19. Jahrhundert. Linné hatte mit seinem binären Benennungssystem großen Anteil. „Binär“ meint dabei zweiteilig: Art und Gattung.

Städtische Botanische Gärten kamen erst Ende des 19., Anfang des 20. Jahrhunderts auf. In Frankfurt leistete dies Johann Christian Senckenberg: Am 18. August 1763 überreicht er der Stadt als Medicus Doctoris und Physici Ordinari den Stiftungsbrief seiner außerordentlichen Institution samt Krankenhaus und schaffte es, gegen die Machenschaften der Stadtväter eine autonome Einrichtung zu installieren, die bis heute besteht, zum Beispiel im Binger Hospital. (Oben zu sehen: die *Baumtorte* von Henner Drescher.)

Trompetenbaum

Catalpa bignonioides

Taunusanlage

Pflanzjahr **1942** Höhe **9 m** Kronendurchmesser **15 m** Stammumfang **1,70 m**

Dendrologisches: Ihre trompetenähnliche Blütenform führte zu der deutschen Bezeichnung des Trompetenbaumes. Im Juli macht der Baum durch seine ansprechende Blütenpracht von sich reden. Seine weißen Blüten, innen gelb gestreift und purpurn gefleckt, stehen in aufrecht endständigen Rispen und sind von tropischer Schönheit. In seiner Blattgröße und -form fällt der Trompetenbaum gegenüber anderen Laubgehölzen aus dem Rahmen. Seine großen herz-eiförmigen und kurz zugespitzten Blätter mit teils schwachen Lappenansätzen stehen meist zu dreien und bilden beim Zerreiben einen unangenehmen Geruch. Die Rinde ist dünn und kleinschuppig. Bezeichnend sind die bleistiftstarken langen Kapseln, deren flache Samen an beiden Enden Haarschöpfe ausbilden – ein sicheres Erkennungsmerkmal in den Wintermonaten. Wegen der Fruchtform scherzhaft noch „Virginischer Zigarrenbaum" oder „Stricknadelbaum" genannt. Nach 1720 aus Nordamerika. Das Holz des Trompetenbaumes ist grobfaserig, leicht und von großer Beständigkeit. – Dieser Baum steht in der Taunusanlage, Nähe Schillerdenkmal.

Die Wallanlagen entstanden Anfang des 19. Jahrhunderts auf dem Gelände der 1804 bis 1812 geschleiften Stadtbefestigung (*siehe auch Seite 143*). Um die Wallanlagen verläuft der Anlagenring. Die Ursprünge der Wallanlagen liegen in der Stadterweiterung von 1333. Damals erlaubte Kaiser Ludwig der Bayer der Stadt eine enorme Ausweitung ihrer Grenzen. Vor der seit Ende des 12. Jahrhunderts durch die Staufermauer geschützten Altstadt entstand die zunächst dünnbesiedelte Neustadt. 1343 begann der Bau einer neuen Stadtmauer um die Neustadt. Sie bestand aus einer sechs bis acht Meter hohen und an der Mauerkrone etwa zwei einhalb bis drei Meter dicken Mauer und einem vorgelagerten acht bis zehn Meter breiten Wassergraben, der vom Main und verschiedenen kleinen Bächen gespeist wurde. Zur Verstärkung der Mauer wurden im 14. und 15. Jahrhundert rund 40 Türme errichtet, darunter die der fünf Stadttore, von denen heute nur noch der Eschenheimer Turm steht. Im 16. Jahrhundert war die Mauer durch das Aufkommen der Pulvergeschütze bereits veraltet Um 1705 wurden die ersten Lindenbäume an den Wallanlagen gepflanzt und ab dem Jahr 1765 eine durchgehende Allee (Lustallee) um Frankfurt und Sachsenhausen herum.

Tulpenbaum

Liriodendron tulipifera L.

Günthersburgpark

Pflanzjahr **1920** Höhe **23 m** Kronendurchmesser **15 m** Stammumfang **3,00 m**

Dendrologisches: Der Tulpenbaum kann eine Wachstumshöhe von 45 m erreichen. Neben der Magnolie gilt der Tulpenbaum als eine der ersten Blütenpflanzen. Unverkennbar ist die Blattform der wechselständig angeordneten Blätter, deren obere Hälfte fehlt. Wie waagrecht abgeschnitten hat die Blattfläche Ähnlichkeit mit einer stilisierten Tulpenblüte. Bemerkenswert ist die tulpenartige, duftlose offene Blüte, die von einem orangefarbenen Zickzackband umgeben wird, und deren Zeichnung die Insekten zum Nektartropfen anlockt. Im Juni – je nach Witterungsverlauf – ist er mit zahlreichen farbigen Blüten bedeckt. Sind die Kelch-, Kronen- und Staubblätter abgefallen, bleibt nur die Mittelsäule mit den Fruchtblättern stehen, die zur Frucht heranreift. In unserem Klima bis 20 m hoch, hat der Tulpenbaum einen grauen, später längsrissigen Stamm mit rundlicher, leicht überhängender Krone. Seine goldgelbe Herbstfärbung macht ihn zu einem Parkbaum von ansehnlicher Schönheit. Nach 1680 aus Nordamerika. – Dieser Baum steht im nördlichen Teil des Günthersburgparks.

Franz Heinrich Siesmayer – ohne ihn wäre auch Frankfurt um einige grüne Flecken ärmer. Der Gartenbauarchitekt prägte in ganz Deutschland, aber auch im Ausland, Städte durch etwa 1 000 größere und kleinere Garten- und Parkanlagen, die durch seine Anleitung im Laufe von fünf Jahrzehnten entstanden. In der Umgebung von Frankfurt sind die Kuranlagen in Bad Nauheim, die Kuranlagen in Bad Schwalbach, der Kurfürstenplatz, der Friedhof in Bockenheim, der Stadtpark in Mainz und die Anlage der Kur- und Heilanstalt Falkenstein im Taunus zu nennen. In Frankfurt machte sich Siesmayer vor allem als Initiator und Gestalter des Palmengartens einen Namen. Was wiederum eigentlich den Preußen zu verdanken ist. Denn sie zwangen Herzog Adolf von Nassau sein Schloss in Biebrich zu 1866 zu räumen. In der Folge musste der Herzog seine Sammlung tropischer Pflanzen verkaufen. Damit wurde Siesmayer beauftragt. Und der kam alsbald auf die Idee die Sammlung für Frankfurt zu erwerben und damit einen Garten anzulegen. Das Geld trieb er durch die Ausgabe von Aktien auf. In drei großen Etappen entstand bis 1887 der Palmengarten. Für die Frankfurter hatte der Palmengarten Symbolwert. Die aus eigenen Mitteln finanzierte prachtvolle Anlage galt als Ausdruck ihrer Selbstbehauptung nach der Übernahme der Stadt durch die Preußen.

Ulmus glabra

Bergulme

Ostpark

Pflanzjahr **1907** Höhe **22 m** Kronendurchmesser **18 m** Stammumfang **3,50 m**

Dendrologisches: Das Ulmengewächs hat breit-eiförmige, vorn zugespitzte, am Grunde asymmetrische Blätter mit rauer Oberfläche. Die büschligen Blüten erscheinen im März und April vor dem Blattaustrieb. Die Frucht ist ein flaches Nüsschen mit Flügelrand und mittelständigem Samen. Das Holz der Ulme ist zäh und dauerhaft wie das der Eiche.
Die Ulme war einst der beständigste und meist angepflanzte Stadtbaum, nicht nur in Frankfurt (heute ist es die Platane). Aufgrund des Ulmensterbens ist der Bestand in Gesamtdeutschland um 90 % gesunken, und es gibt immer noch keine gesicherte Methode gegen diese pestartige Vernichtung. Die Ulmenkrankheit ist eine durch einen Borkenkäfer übertragene Pilzkrankheit: Der Ulmensplintkäfer, Träger der Pilzsporen, bohrt die Rinde an, der Baum legt als Reaktion auf den Pilzbefall die wasserführenden Jahresringe trocken, die Leitbahnen verschließen sich, was Austrocknen und Absterben zur Folge hat. Hoffnung setzt man in eine Impfung aus den Niederlanden, bei der ein Verticilliumpilz (Bodenpilz) im Frühjahr in die Ulmen injiziert wird … Der andere Weg besteht im Züchten von resistenten Ulmensorten.

Max Bromme (1878–1974) war der Gartenbaudirektor, der von 1912 bis 1945 die meisten neuen Grünanlagen für Frankfurt geschaffen hat. Die bis dahin 200 Hektar hat er mehr als verdoppelt – unter anderem hatte er alle Privatparks und Friedhöfe in öffentliche Parks gewandelt (es sind zu viele, um sie alle aufzuzählen), weiter verhalf er dem Palmengarten zu altem Glanz, das Waldstadion geht auf sein Konto, die Ausstellung *Haus, Hof und Garten* (1919), der erste deutsche Kleingartenpark am Lohrberg, ein Lehrpark in der Goldsteinsiedlung, Naturschutz und Landschaftspflege im Enkheimer Ried und am Berger Hang, die Vogelschutzwarte in Rödelheim, Erhaltung der Nidda-Altarme, das Reichsarboretum – kurzum, nichts war vor ihm sicher: Mit Energie und Eifer kümmerte er sich in der Praxis, später auf der Verwaltungsebene und in Ehrenmitgliedschaften ums Frankfurter Grün. All das brachte ihm 1953 das Bundesverdienstkreuz am Bande.

Bergulme

Ulmus glabra

Taunusanlage

Pflanzjahr **1910** Höhe **15 m** Kronendurchmesser **9 m** Stammumfang **3,80 m**

194 **Dendrologisches:** siehe Seite 193. – Dieser Baum steht vor der ehemaligen Chase Manhattan Bank, Ecke Mainzer Landstraße.

Gegen Ende des 18. Jahrhunderts waren die Befestigungsanlagen militärisch wertlos 195
geworden. 1802 beschloss der Rat der Stadt daher den Abriss der Befestigungsanlagen. Wirklich in Schwung kam der Abriss erst auf französischen Druck nach dem Ende der Freien Reichsstadt 1806. Der neue Souverän, Fuerstprimas Carl Theodor von Dallberg, beauftragte Jakob Guiollett mit der Entfestigung. Dieser entwickelte die Idee eines Volksparks um die Innenstadt und beauftragte den Gartenarchitekten Sebastian Rinz mit der Gestaltung. Die Mauern und Wälle wurden 1806 bis 1812 abgerissen, das Festungsgelände teils parzelliert und mit der Auflage verkauft, dass die Gärten der Öffentlichkeit zur Verfügung stehen mussten. 1827 wurde die noch heute gültige Wallservitut erlassen, wonach dieser etwa 100 Meter breite Grünstreifen unbebaut bleiben muss. Am Anlagenring entstanden prächtige Villen mit großen Gärten. Die Anlagen wurden beim Abzug der französischen Truppen nach der Völkerschlacht bei Leipzig 813 verwüstet, aber von Stadtgärtner Rinz umgehend neu angelegt. Die Wallanlagen gliedern sich in sieben Abschnitte, die meistens die Namen der ehemaligen Stadttore tragen. Untermainanlage, Gallusanlage, Taunusanlage, Bockenheimer Anlage, Eschenheimer Anlage, Friedberger Anlage und Obermainanlage.

Zum Erhalt von Bäumen, und sei es nur in unserer Erinnerung, führt Peter Strege (Seite 87) fort:
Mir war dieser Ast bei jedem Spaziergang ein Vergnügen. Durfte ich doch hier das Verbot, den Rasen nicht zu betreten, sogar in Begleitung der Eltern missachten. Der seltsame Wuchs des Baumes machte den Ort so besonders. Exotischer Reiz ging von ihm aus. Es wurde fotografiert. Hier galt die Parkordnung nicht mehr. Freiheitsplatz. Grund dafür: des Baumes Missgestalt. Für mich, Muttersöhnchen mit Spange im gescheitelten Haar, war hier die Möglichkeit, die Pose des „Outlaws" zu tagträumen und lässig über den Rasen zu schreiten. Ich scheute mich weder vor dem Wasser noch vor der schartigen Rinde. In kurzen Hosen mit gehäkelten Hosenträgern lächele ich überlegen in die Kamera und habe lässig die Beine auf dem Stamm übereinandergeschlagen. Mit abgespreiztem kleinen Finger und Schokoladenzigarette.
Das Foto habe ich in meinem Kopf. Den Baum trage ich als innere Borke bei mir. Den Moment kann ich spüren. Die Weide gibt's nicht mehr.

Salweide

Salix caprea L.

Preungesheim

Dendrologisches: Die Salweide ist ein typisch-europäisches Pioniergehölz. Von Nord- bis Mitteleuropa und Nordasien erstreckt sich seine Heimat. Sie ist ein eher kleines buschiges Gewächs, das selten 5 bis 8 m Höhe erreicht, jedoch für Gärten gerne als Hochstamm gezogen wird (Kronenveredelung).
Auf fast allen Bodenarten gedeiht dieses anspruchslose, schnell wachsende Gehölz. Die goldgelben Kätzchen der sehr schnittverträglichen Weide, vor dem Austrieb im März/April, dienen Bienen als erste Nahrung. Deshalb steht sie auch bei uns unter Naturschutz. – Dieser Baum steht in Preungesheim in der Nähe der Endstation der U 5.

Kopfweiden erinnern mich an Rebhühner ***von Heike Appel***

Verwunschene Pfade im verwilderten Kopf-
weidenfeld Geheimnisvoll – ängstigend – magisch
anziehend Grashorste bilden Zelte um
borkige Rinde Wohnhöhlen
für Rebhühner Fantasiequellen
für Kinder Gesichter formen
und verschleiern sich – War da ein Bär?
Langsam schleichen sie sich an – wollen nicht
erkannt werden Selbst Teil des Geheimnisses Dann
der erste Schreckschrei!
Und das aus der Vergangenheit scheinende
Kopfweidenfeld wird zum Quirl aus leuchtenden
Federn, empörtem Gegacker und Kinder-
lachen.

Trauerweide

Jüdischer Friedhof

Salix alba 'Ristis'

Pflanzjahr **um 1925** Höhe **8 m** Kronendurchmesser **6 m** Stammumfang **3,25 m**

Dendrologisches: Die Hänge- oder Trauerweide mit malerischer, ausladender Krone ist oft in Parks und an Gewässern zu finden. Der bis 20 m hohe Baum fällt durch einen sehr frühen, grünen Austrieb und eine schöne gelbe Herbstfärbung auf.
Ihre vielverzweigten, bogig überhängenden Äste und ausladenden Zweige erreichen fast senkrecht den Boden. In seiner Tracht ist der schnellwüchsige Parkbaum mit goldgelben Zweigen im Winter und seiner dunkelgrauen längsrissigen Borke kaum zu übersehen. Je nach Witterungsverlauf blüht er im April, Mai mit jungem frischen Blattaustrieb an peitschenartigen, biegsamen Trieben. Seine schmal-lanzettlichen und beiderseits zugespitzen Blätter sind feingesägt mit blaugrüner Unterseite. Das Holz ist schwammig, brüchig und lässt sich kaum verarbeiten.

ABSCHALOMS BAUM – Eine Weide auf dem jüdischen Friedhof, Rat Beil Straße
Es war ein merkwürdiges Geräusch, erst knisternd, dann metallisch, durchdringend. Ein sofort wieder vergessener Unterton im Getöse eines Sommergewitters. Dass der Blitz eingeschlagen hatte, sah ich erst, als das Prasseln der Wolkenbrüche in abendliches friedvolles Regenrauschen übergegangen war: Unten an der Ecke der Friedhofsmauer zur Friedberger Landstraße hing die Krone einer mächtigen Weide vornüber. Der Baum sah nicht gefällt aus, sondern merkwürdig verrenkt, wie gefoltert fast.
Wann immer ich das Fenster meiner Dachwohnung in der Rat-Beil-Straße geöffnet hatte, war mein Blick auf die wohl mehr als hundertjährige Weide gefallen. Leicht schräg, als treibe es sie aus dem Gräberbezirk nach draußen, ragte sie in den Straßenraum. Der mächtige, nach vorn geneigte Stamm war hinter den dicht hängenden Zweigen kaum zu erkennen. Auch die Mauer verschwand beinahe unter dem Gewirr der Weidenruten. Wie grausilbrige Schleier hingen sie nach unten, vom leisesten Wind bewegt, so tief, dass sie den Bürgersteig streiften.
Nachts, wenn der Autolärm abgeebbt war, schien die Weide, auf die das schräg fallende Licht einer Straßenlaterne geisterhafte Konturen zeichnete, ein Eigenleben wie eine Laterna Magica zu führen. Manchmal trat mir durch sie Shakespeares über der zerbrochenen Liebe zu Hamlet wahnsinnig gewordene Ophelia vor Augen: „Es neigt ein Weidenbaum sich über'n Bach. Und zeigt im klaren Strom sein graues Laub. Mit welchem sie phantastisch Kränze wand. Von Hahnfuss, Nesseln, Maaslieb, Kuckucks-

blumen. Als sie dort aufklomm, um ihr Laubgewinde an den gesenkten Ästen aufzuhängen, zerbrach ein falscher Zweig: Und nieder fielen die rankenden Trophäen und – sie selbst ins weinende Gewässer."

Ein anderes Mal ging mir beim Anblick des glitzernd bewegten Baums die Tragik von Goethes *Erlkönig* auf, den ich als engstirnig Pubertierender im Deutschunterricht für Kitsch erklärt hatte. „Mein Vater, mein Vater, und siehst du nicht dort, Erlkönigs Töchter am düstern Ort? Mein Sohn, mein Sohn, ich seh' es genau: Es scheinen die alten Weiden so grau."

Am Ende der Gewitternacht aber war es aus mit der Klassiker-Wehmut. Denn die gefällte Weide bot sich als lautloses reales Schreckensbild. Ein nass glänzendes verfilztes Gewirr, aus dem gesplitterte Äste hervorstachen. Die elastischeren Zweige waren von den Sturmböen zu armdicken Gebilden verknotet worden. Sie wanden sich auf der Mauerkrone und dem Bürgersteig wie armdicke Rattanlocken, die sich allmählich auflösen.

Der Anblick ließ mich unwillkürlich an Abschalom denken, einen der Söhne des biblischen Königs David. Er zettelte, heißt es im Alten Testament, einen Aufstand gegen seinen Vater an. Davids Hauptmann Joab lockte den Aufrührer in einen Hinterhalt. Abschalom, auf einem Maultier flüchtend, blieb mit seinen wehenden langen Haaren im Geäst eines Baums hängen. Er „schwebte zwischen Himmel und Erde", hilflos seinen Verfolgern ausgeliefert. „Da nahm Joab drei Spieße in seine Hand, und stieß sie Abschalom ins Herz, da er noch lebte."

Es war kein Zufall, dass die zerschmetterte Weide mich ausgerechnet jetzt an die Tragödie des David-Sohns erinnerte. Denn der Friedhof an der Rat-Beil-Straße ist der jüdische Teil des Frankfurter Hauptfriedhofs, wie dieser am 1. Juli 1828 eröffnet. Seine klassizistische Torhalle mit grazilen Säulen und schlanken Pilastern macht durch Anmut und Eleganz wett, was ihr an jener Monumentalität fehlt, mit der die massigen Propyläen auftrumpfen, die der Architekt Friedrich Rumpf, (er hat auch den Eingang zum jüdischen Friedhof entworfen), an der Eckenheimer Landstraße als Hauptzugang des christlichen Areals baute.

Auf dem Giebel an der Rat-Beil-Straße stehen in Bronzebuchstaben Worte des Propheten Jesaja: „Wer geraden Weges wandelt, ziehe in Frieden, dorthin, wo sie auf ihren Lagern ruhen."

Während des Dritten Reiches wurden aus den bekannten grauenhaften Gründen immer weniger Menschen auf dem jüdischen Friedhof bestattet. Nach 1945 nutzte die neue Jüdische Gemeinde vorwiegend den Erweiterungsteil, der in den zwanziger Jahren an der Eckenheimer Landstraße entstanden ist; nur in Ausnahmefällen wird noch an der Rat Beil Straße beerdigt.

So wurde dieser zum verwilderten Park. Aber verwildert ist ein viel zu prosaisches Wort. Nicht, weil Gärtner dort ab und zu das Gestrüpp roden und die überwucherten Hauptwege freilegen. Es sind die Verlassenheit, die Stille und die dicht stehenden, uralten Bäume, die aus der Wildnis einen melancholischen Zaubergarten gemacht haben.

Die eingesunkenen Grabsteine versinken förmlich im Grün. Selbst die pompösen Stelen und Obelisken der Familie Rothschild scheinen in der Natur aufzugehen. Einer Natur, deren Atmosphäre bestimmt wird von dunklen immergrünen Eiben, im 19. Jahrhundert das Friedhofsgewächs schlechthin. Als üppige Sträucher, oft auch zu regelrechten Bäumen gewachsen, breiten sie ihre schwarzgrünen Nadeln wie Trauerschleier aus; die roten Beeren sind im Spätsommer das einzige Bunt.

Ähnlich üppig wuchert überall Ahorn. Wären nicht die Gärtner, er würde wohl alles andere ersticken. Nur nicht die riesigen Platanen, die das alte Friedhofsareal zweiteilen. Dass sie der seit Jahrzehnten ungehemmt wachsende Rest einer breiten Allee sind, die wohl um 1900 ange-
 legt wurde, merkt man erst auf den zweiten Blick.

Einsam in der Einsamkeit: Die vereinzelten riesigen Weiden machen im Friedhof an der Rat-Beil-Straße den größten Eindruck. Um 1820, als man das Gelände anzulegen begann, muss die Weide ein Lieblingsbaum der Frankfurter gewesen sein. Auf den berühmten, um 1860 entstandenen Fotografien von Carl Friedrich Mylius – das Myliussche Familienbegräbnis befindet sich in der Gruftenhalle, die seit 1828 den christlichen und jüdischen Teil des Hauptfriedhofs trennt – sieht man immer wieder Weiden. Sie stehen bei den Sommervillen der Großbürger, rahmen die vorstädtischen Gutshöfe, säumen Alleen. Die damals berühmteste Weide stand an der sogenannten „Seufzerallee“, die zu der heute noch als Gaststätte existierenden Stalburg, einem historischen Patriziersitz, führte. Mehr als zweihundert Jahre alt, wurde sie um 1870 bei der Parzellierung des Nordends gefällt.

So alt ist meine Weide nicht. Sie dürfte wohl um 1900, gleichzeitig mit der Platanenallee, gepflanzt worden sein. „An den Strömen von Babel saßen wir und weinten, wenn wir Zion gedachten. Wir hängten unsere Harfen an die Weiden in jenem Land.“ Ob sie in ihren ersten Jahren etwas zu tun hatte mit diesem Psalm? Oder sahen die damals in der Mehrzahl assimi-
lierten Juden wie ihre christlichen Nachbarn in Weiden den klassischen, von spezifischen Religionen unabhängigen Baum der Trauer?

Gleichviel – an Sommerabenden wurde meine Weide zum stummen Kronzeugen des babylonischen Exils. Denn dann sah ich orthodoxe Juden auf der Friedhofsmauer sitzen. Ihre schwarzen Mäntel, ihre Hüte und die Schläfenlocken hoben sich scharf ab vom üppigen Grün, auf dem die Abendsonne goldene Reflexe tanzen ließ. Die Juden beteten, waren Besucher, die sich an den Grabsteinen von Samson Rafael Hirsch und Israel von Stolin verneigt, Kerzen angezündet und Wunschzettel hinterlassen hatten; Rafael Hirsch und Israel von Stolin gelten als Wunderrabbis. Für mich machte ein Gewitter die Weide zum Wunder. Denn sie überstand den Blitzschlag. Heute ist er ihr kaum noch anzusehen. Die Sägestellen, wo Gärtner wenige Tage nach dem Unwetter die zerfetzten Teile abgetrennt hatten, sind vernarbt. Neue Äste verdecken sie, die nachgewachsenen Zweige neigen sich fast wieder so dicht wie ehedem. Nur das Missverhältnis zwischen Dicke und Höhe des Stamms verrät den Sturmschaden.

Noch immer besuchen in den Sommermonaten orthodoxe Juden die Gräber der Wunderrabbis. Ich sehe sie manchmal, wenn mich – ich wohne längst woanders – der Zufall in die Rat-Beil-Straße führt. Dann schaue ich auch hinüber zur Weide. Mir ist sie zu Abschaloms Baum geworden. Zur Verheißung, dass nicht immer ein Joab bereitsteht, um Todesurteile an Verstrickten zu vollziehen – und dass keine Diaspora die Überlebenskraft auszulöschen vermag.

Dieter Bartetzko (FAZ)

Blaue Atlaszeder

Cedrus atlantica ’Glauca‘

Fahrgasse, Hof zum Dom

Pflanzjahr **1900** Höhe **21 m** Kronendurchmesser **16 m** Stammumfang **2,80 m**

202 **Dendrologisches:** Die Zedern sind im afrikanischen Mittelmeerraum, vor allem im Atlas-Gebirge, beheimatet, was man auch an der Flagge Libanons erkennt, die auch eine Zeder als Nationalsymbol ziert. Besonders im Alter zeigen die Zedern bizarre, zerklüftete Kronenformen die sie deutlich von anderen Nadelbäumen unterscheidet. Nach 1840 kam sie aus Nordamerika. Die männlichen Blüten sind kätzchenartig, die weiblichen eiförmig und purpurn. Die Zapfen sind aufrecht, einzeln an Kurztrieben, im zweiten bis dritten Jahr reifend. Zapfenschuppen fallen wie bei der Tanne ab und hinterlassen die typische Spindel. Die Reife ist im Spätwinter oder Frühjahr. Die Zapfen werden bis zu 7 cm hoch. Dieser Baum steht hinter dem Ostchor des Bartholomäusstifts.

„Kuchelbrunne“ nennt ihn der Frankfurter: Die Figur soll Atlas mit der Himmels- 203
kugel darstellen. Doch für die in der Mythologie nicht so bewanderten Frankfurter hieß er einfach der „Kuchelmann“. Ursprünglich stand er in der Barfüßergasse an der Ecke zum Großen Kornmarkt. Doch beim Rathaus-Neubau wurde er von diesem Platz verbannt. Erst bei der Altstadt-Sanierung in den 1930er Jahren erhielt er für kurze Zeit einen neuen Platz. Heute steht der allerdings sehr vereinfacht rekonstruierte Brunnen östlich in der Achse des Domchores. Dabei war er einst äußerst prächtig. Als 1778 der Atlas auf eine Pumpensäule gesetzt wurde, war seine Kugel noch vergoldet. Diesen Schmuck hatten Bürger in der Nachbarschaft gestiftet. Im Laufe des 18. Jahrhunderts hat er sich mehrfach verändert. 1714 erhielt er ein neues Fundament mit Bockenheimer Basalt. 1734 wurde er um eine hölzerne Pumpe ergänzt. Diese wurde – in Blei – 1738 erneuert. Als der Brunnen baufällig wurde, erhielt er 1778 einen Brunnenstock aus Stein. 1908 verschwand der Brunnen. Die Altstadtfreunde sorgten dafür, dass 1938 eine Kopie des Brunnens südlich des Doms aufgestellt wurde. Diese Variante wurde während des Zweiten Weltkriegs zerstört.

Himalaja-Zeder

Cedrus deodara

Sommerhoffpark

Pflanzjahr **1950** Höhe **16 m** Kronendurchmesser **9 m** Stammumfang **0,60 m**

Dendrologisches: In ihrer Heimat, dem Himalaya-Gebirge, ist dieser Baum bis zu einer Höhe von 2000 m zu finden und erreicht dort die stattliche Höhe von bis zu 60 m. Bei uns findet man diese malerische Zeder in großen Gärten und Parkanlagen mit Höhen von 15 bis 20 m. – Nach1820 aus dem Himalaya.

Der Sommerhoffpark ist eine seit dem 19. Jahrhundert bestehende Grünanlage im Gutleut. Der Park ging aus einem englischen Landschaftsgarten hervor, der bis zum späten 19. Jahrhundert zum Landwohnsitz des Frankfurter Bankiers Johann Noe Gogel gehört hatte. Seit 1928 ist der Park im Besitz der Stadt Frankfurt. Mit der Niederlegung der Stadtbefestigung zu Beginn des 19. Jahrhunderts und der Umwandlung der betreffenden Grundstücke in Grünanlagen wuchs das Interesse wohlhabender Frankfurter Bürger an repräsentativen Landsitzen außerhalb der Stadtgrenzen. Der Weinhändler und Bankier Johann Noe Gogel hatte das unmittelbar am nördlichen Mainufer neben dem Gutleuthof liegende Grundstück des heutigen Parks im Jahr 1803 erworben. Er beauftragte den Architekten Salins de Montfort mit dem Bau eines Herrenhauses mit Nebengebäuden, darunter Gärtnerhaus und Gewächshaus. Gogel ließ auf dem Grundstück außerdem einen Landschaftspark nach englischem Vorbild anlegen. Im Jahr 1883 wechselte der Landsitz mit Park den Besitzer; das Anwesen wurde nach diesem in Sommerhoffpark umbenannt. 1928 kaufte die Stadt Frankfurt das Anwesen auf und wandelte es in eine öffentliche Parkanlage um. Das Herrenhaus wurde im Zweiten Weltkrieg zerstört. Der heutige Park verfügt über einige großgewachsene Bäume, darunter ein Einzelexemplar einer Küstensequoia sowie einige sehr hohe und ausladende Platanen. Am Freitag, den 04. Oktober 2013 wurde im „Paradies“ – dem Garten von St. Georgen eine Zeder gepflanzt, ein *Cedrus deodora* zu Ehren des jetzigen Papstes und so wurde sie auch Franziskus-Zeder getauft. Sie ersetzt eine Zeder, die vor kurzem bei einem Sturm umgerissen wurde.

Weihrauch-Zeder

Calocedrus decurrens

Nizza

Pflanzjahr **1938** Höhe **20 m** Kronendurchmesser **4 m** Stammumfang **1,80 m**

206 **Dendrologisches:** Ihren Namen hat die Weihrauchzeder von Ihrer aromatischen Belaubung, dass allerdings nicht für Räucherwerk verwendet wird.
Man findet den seltenen Baum aus Nordamerika häufig in botanischen Gärten und Sammlungen. Sie ist immergrün und erreicht in ihrer Heimat Höhen bis 60 m.
Diese Bäume stehen im Nizza, östlich der Untermainbrücke.

Von Maria Sybilla Merian (1647–1717), der Tochter des großen Topographen und 207
Verlegers weiß man, dass sie um 1700 zwei Jahre in Surinam war, um die dort heimischen Pflanzen und Insekten, vor allem Schmetterlinge, sehr genau zu zeichnen. Was ich nicht wusste, war, dass sie ihren Mann in Nürnberg aus Glaubensgründen verlassen hatte und sich mit Mutter und beiden Töchtern auf Schloss Wartha (Niederländisch Westfriesland) quietistischen Anhängern angeschlossen hatte. Der französische Reformator Jean de la Badies (1610–1674) rief auf zurück zu einem einfachen Christentum. Nach dem Tod der Mutter (1691) ging's dann nochmal nach Amsterdam, wo sie durch Raritätenkabinette von großen Naturwissenschaftlern angeregt, den Entschluss fasste, selber zeichnerische Feldforschung zu betreiben; die Labadisten halfen ihr dabei, und so kam es zu ihrem Aufenthalt im nördlichen Südamerika.
Von Louise von Panhuys (1763–1844), ebenfalls Frankfurterin, erfuhr ich erst bei der Recherche in diesem Zusammenhang von Herrn Dressler im Weinberg-Haus. Als sechstes Kind der Familie Backhaus-Wiesenhütten war sie im Hause, wo heute der Kaufhof steht und vorher die Familie Merian gewohnt hatte, geboren, erfuhr eine „bestbürgerliche" Erziehung, lernte 1805 den Niederländer W.B. von Panhuys kennen und lieben, und sie heirateten im selben Jahr. 1811 ging es ebenfalls nach Surinam, weil er die Interessen der niederländischen Krone in den heftigen Auseinandersetzungen mit Frankreich und England dort wahrnehmen sollte. Am Ende der englischen Vorherrschaft wurde Panhuys Generalmajor. Sein und ihrer beider Glück währte nur ein halbes Jahr. Einem weiteren Sklavenaufstand fiel er zum Opfer. Sie zog sich nach Frankfurt ins Elternhaus zurück. In ihrem Salon, den sie mit den Zeichnungen und Dingen aus Surinam ausstattete, traf sich die Frankfurter Intelligentia. 1824 schenkte sie ihre Werke der Senckenbergischen Gesellschaft.
Die Zeichnungen von Maria Sybilla Merian sind glatter und perfekter in der Kolorierung, die von Louise von Panhuys erscheinen etwas rauher, das liegt daran, dass sie die Farben selbst mit Pflanzensäften hergestellt hat – beide sind aber für Botaniker eine erkennende Augenweide wegen ihrer Natur-Ähnlichkeit, alle Pflanzen sind bestens zu bestimmen.

Zelkove

Zelkova serrata

Ostpark

Pflanzjahr **1927** Höhe **24 m** Kronendurchmesser **11 m** Stammumfang **1,00 m**

208 **Dendrologisches:** Japan, China und Korea sind die Heimat dieses mittelgroßen Baumes der eine Höhe und Breite von 20 bis 25 m erreicht. Wegen ihrer Robustheit gegenüber Trockenheit gilt die Zelkove als stadtklimafest und verträgt schwierige Standorte. Sehr zierend ist die spät einsetzende gelb-rote Herbstfärbung im Oktober. – Dieser Baum steht im Ostpark, südlich des Weihers.

Als ich mal wieder eine Runde mit dem Rad im Ostpark drehte, auch um zu sehen, 209
ob der „Elfmeter“ noch unversehrt ist, fuhr ich am südlichen Weiherufer kurz nach dem Platz vor dem Wasserhäuschen vorbei und sah eine blondgelockte Dame, Alter zwischen 35 und 40, etwa 1,70 m groß, wie sie einen Baum umarmte, die rechte Wange an der Baumrinde, ganz in sich ruhend. Ich fuhr vorbei, der „Elfmeter“ war allen Unkenrufen zum Trotz heil, und schmunzelte erneut über Bernsteins Antwort auf die Frage, warum denn der Fußball in 11 Metern Höhe aufgesteckt sei: „Damit der Rasen geschont wird!“ Dann dachte ich, fahr’ doch mal zurück zu der baumumarmenden Lady – sie war tatsächlich noch da, in derselben Haltung, ohne sich zu bewegen. In vorsichtiger Entfernung parkte ich das Fahrrad, setzte mich auf eine Bank … Ich kann nicht sagen, wie lange ich saß, 20 Minuten oder eine halbe Stunde; irgendwann nahm ich meinen Mut zusammen, ging zu ihr und stellte mich etwa 2 m links von ihr hin, so dass sie mich mit einer Kopfwendung hätte sehen können, bat um Entschuldigung für die Störung und sagte, dass es mich aufrichtig interessiere, warum sie den Baum umarme, ob sie wisse, dass der Baum eine Zelkove sei, Herbert von Esebeck, ein fast 100-jähriger Dendrologe, habe mir das gesagt und vom Buchprojekt hab’ ich erzählt … und merkte, dass ich aus lauter Verlegenheit redete, entschuldigte mich abermals, fügte hinzu, dass ich ihr meine Adresse aufschreiben würde und sie mich anrufen könne, wenn sie Zeit und Lust hätte. Gesagt, getan, ich legte den Zettel in Sichtweite auf den Boden und machte mich mit vorsichtigem Schritt von dannen. – Ach, vielleicht hat es ja auch was Gutes, dass sie sich nicht gemeldet hat.

Zürgelbaum

Celtis occidentalis L.

Eschenheimer Anlage

Pflanzjahr **1961** Höhe **19 m** Kronendurchmesser **13 m** Stammumfang **1,90 m**

210 **Dendrologisches:** Der Zürgelbaum gehört zu der Familie der Ulmengewächse. Peitschenförmige mattgrüne Zweige und ein leicht überhängender Wuchs sind arteigene Merkmale. Der laubabwerfende Baum mit wechselständiger Blattstellung hat ein glänzendes grünes Blatt von eiförmig-länglicher Gestalt mit ausgezogener Spitze. Am Grund asymmetrisch und keilförmig, ist das Blatt bis auf die Basis grob gesägt. Die Blüten sind unscheinbar. Die erbsengroßen, gestielten Früchte, Steinfrüchte, verfärben sich zur Reifezeit dunkel-braunrot und bleiben bis in den Winter am Baum. Der borkig-korkige Stamm zeigt längs gestellte wulstige Ausstülpungen. Nach 1650 aus Nordamerika. – Dieser Baum steht in der Eschenheimer Anlage an der Ecke Blumenstraße.

Das Maurische Haus, im Volksmund auch Türkenhaus genannt, steht da wie aus 211
1000 und einer Nacht. Gesichert ist, dass es 1856/57 erbaut wurde von einem Maurermeister Johann Friedrich Weinsperger und dass er bei der Senckenbergischen Stiftung Hypotheken von insgesamt 18000 Gulden aufgenommen hatte. Aber ob er das Haus für sich, für seine große Liebe aus dem Morgenland oder einen anderen Bauherrn mit ähnlicher Legende gebaut hat, ist ungesichert und trägt märchenhafte Züge; die Bauakten gingen im Krieg verloren. Es gab sogar Spekulationen, dass der Maurermeister mit dem Städelprofessor Friedrich Maximilian Hessemer bekannt war, der in den 20er Jahren des 19. Jahrhunderts eine Ägyptenreise unternommen hatte und 1842 Arabische und Altitalienische Bauverzierungen sowie 1854 Neue Arabesken herausgegeben hatte, immerhin erschienen zweite Auflagen.
1985 gab es für die gelungene Restaurierung der illustren Fassade von der Maler- und Lackiererinnung eine Goldplakette. Es soll noch anderer solcher orientalischen Häuser gegeben haben, dieses ist als einziges übrig geblieben.
Hessemer gehörte übrigens auch zu dem von Struwwelpeterautor Heinrich Hoffmann ins Leben gerufenen Tutti-Frutti-Zirkel. Dort wollte er mal wieder einen seiner begeisternden Vorträge halten, als er gebremst wurde mit dem (später geflügelten) Wort: „Erst essemer, dann Hessemer!“

Scheinzypresse

Chamaecyparis L.

Ehemaliger Weinbergpark, Niederrad

Pflanzjahr **1930** Höhe **14 m** Kronendurchmesser **8 m** Stammumfang **1,80 m**

Dendrologisches: Im geschnittenen Zustand ist die Scheinzypresse häufig in verschiedenen Variationen zu sehen, von blau bis gelb und in verschiedenen Belaubungen ist sie eine beliebte robuste Heckenpflanze. Ungeschnitten kann sie bis 20 m hoch bei schlanker Gestalt werden.
Durch ihre schmale Form kann sie an ihrem Ursprungsstandort an der amerikanischen Pazifikküste Wind- und Schneelasten trotzen. Sie ist ein typisches Gestaltungselement historischer Schlossgärten.
Dieser Baum steht auf dem ehemaligen Gelände der Villa Waldfried.

Die Brüder Arthur und Carl Weinberg gehören zu den erfolgreichen Frankfurter jüdischen Familien, die durch glückliche Voraussetzungen, Fleiß und Souveränität zu Wohlstand gekommen waren. Sehr früh stiegen sie in die Firma Cassella ein, der ihr Onkel Leo Gaus vorstand, an der auch ihr Vater Bernhard Weinberg beteiligt war. 1907 übernahmen sie die Leitung und wurden 1908 in den Adelsstand erhoben. Eine Seite ist zu knapp, um auch nur annähernd ihre Verdienste um soziale Arbeitsorganisation, solidarische Unterstützung von Notleidenden und Institutionen, wie zum Beispiel der Universität zu würdigen.
Die Villen Buchenrode und Waldfried waren fürstlich ausgestattet mit großartigen Bäumen und Blumenanpflanzungen, Stätten hoher Lebenskultur.
All das wurde im Zweiten Weltkrieg zerstört. 1942 wurde Arthur von Weinberg nach Theresienstadt verschleppt und dort ermordet. Sein Bruder Carl starb 1939 im Exil bei seiner Schwester in Italien, vorher hatte er alles an die Stadt unter Preis abgeben müssen.

Im Gebiet der Stadt Frankfurt stehen circa 44 000 Bäume, jährlich werden rund 1 000 Jungbäume hinzu gepflanzt. Die Pflege und Betreuung dieser Bäume wird durch bürgerschaftliches Engagement unterstützt: durch Baumpatenschaften.
Wer sich hierfür interessiert, wendet sich an das
Grünflächenamt der Stadt Frankfurt am Main
069 / 212 – 30991 oder
gruenflaechenamt@stadt-frankfurt.de

Sumpfzypresse

Taxodium distichum

Zoologischer Garten

Pflanzjahr **um 1920** Höhe **12 m** Kronendurchmesser **8 m** Stammumfang **3,20 m**

214 **Dendrologisches:** Horizontal gestellte, sommergrüne Zweige sind Merkmale der Sumpfzypresse. Ihre Nadeln sind spiralig an Langtrieben um den Zweig, sonst zweizeilig an Kurztrieben, die als Ganzes im Herbst abgeworfen werden. Der Blattaustrieb der Sumpfzypresse findet im Mai statt und mit ihm werden rötliche Blüten ausgebildet. Eine dünne, rotbraune Rinde kennzeichnet den Stamm. Typische hohle „Wurzelkniebildung" auf feuchten Böden (Stützung, Verankerung und zur Versorgung mit Sauerstoff), nicht auf trockenen. Die kugeligen Früchte, die bis zu 2,5 cm Länge erreichen, reifen im ersten Jahr. Das Holz ist weich, aber dauerhaft. Nach 1630 aus Nordamerika. – Der Baum steht im Zoo am Weiher.

Der Zoologische Garten in Frankfurt ist nach dem Berliner Zoo der zweitälteste Tier- 215
park Deutschlands. Gegründet wurde er 1858 aus einer Bürgerinitiative. Dazu pachtete die Zoologische Gesellschaft Frankfurt den Leer'schen Garten im Westend. Am 8. August 1858 wurden die ersten exotischen Tiere ausgestellt – genehmigt wurden vorerst lediglich Pflanzenfresser. Mangels Platzes zog der Zoo an die Pfingstweide. 1915 übernahm die Stadt Frankfurt den Zoo. In der Nazi-Zeit entstanden neben Gartenanlagen auch das Elefantenhaus, die Robbenanlage und das Menschenaffenhaus. Während des Zweiten Weltkriegs wurde der Zoo fast völlig zerstört. Die amerikanische Militärregierung und der von ihr benannte Magistrat hatten aus Kostengründen keinerlei Interesse am Aufbau des zerstörten Zoos, doch Bernhard Grzimek erwirkte eine Erlaubnis für die Wiedereröffnung. Als neue Einnahmequelle wurde auf dem Zoogelände ein Vergnügungspark mit Schaustellern aller Art, Karussells und Achterbahn eröffnet. Tanzveranstaltungen, Kinderfeste und Sommernachtsbälle, Modenschauen, Eisrevuen und Zirkusveranstaltungen füllten die leeren Kassen. Grzimek wurde von anderen Zoodirektoren kritisiert – aber das Zoogelände wurde in nordöstlicher Richtung um ein Trümmergelände bis Untere Atzemer und Waldschmidtstraße erweitert und verschluckte die alte Fasanenstraße. Die 1950 von Bernhard Grzimek wiedergegründete Zoologische Gesellschaft organisierte Spendenaktionen, die Millionenbeträge einspielten. An Neubauten kamen von den 1950er Jahren an u.a. das Giraffenhaus, das Exotarium, die Faust-Vogelhallen, das Grizmek-Haus, die Robbenklippen, der Bogori-Wald und das Ukumari-Land hinzu.

Echte Zypresse

Cupressus sempervirens L.

Kennedyallee

Pflanzjahr **1926** Höhe **8 m** Kronendurchmesser **5 m** Stammumfang **1,80 m**

Dendrologisches: Als lange, schlanke Säule prägt sie die Toskana und andere Regionen im Mittelmeerraum. Auch in Nordamerika, Asien und Nordafrika sind Zypressen in verschiedenen Arten und teilweise bizarren Wuchsformen zu finden. In unseren Breiten ist sie nur sehr bedingt winterfest. Bei den Zypressen ist oft ein Feuerreiz nötig um die Zapfen zum Auswerfen der Samen zu bringen.
Nach 1500 aus Italien. – Dieser Baum steht am Palais Mumm von Schwarzenstein an der Kennedy-Allee Ecke Richard-Strauss-Allee 11.

Daniel Heinrich Mumm (1818–1890, seit 1873 von Schwarzenstein) stammt aus alter Frankfurter Patrizierfamilie, die mit Wein- und Champagner-Handel zu Wohlstand gekommen war. Mumm wurde am 27.11.1867 erster Bürgermeister, nachdem die Preußen Frankfurt annektiert hatten. Zwölf Jahre hatte er das Amt inne, trotz persönlicher Integrität und erfolgreicher Bautätigkeit, brachte sein autoritärer Führungsstil (gegen Ende verkehrte er nur noch schriftlich mit der Stadtverordnetenversammlung) ihn ins Abseits, ihm folgte Johannes Miquel. Im Ruhestand widmete er sich der Musik (Vorstand Kuratorium Dr. Hoch'sches Konservatorium) und Bildenden Kunst (Vorsitz Museumsgesellschaft). Nach vier Generationen im Haus an der Zeil beschlossen sein Sohn Hermann (1842–1904) und Frau Emma (geb. Passavant, 1852–1922) den Neubau in der damaligen Forsthausstraße. Man erwarb 125 000 m^2 Grund. Am 2. Dezember 1903 zog die Familie in die Prachtvilla, die der Architekt Aage von Kaufmann im neoklassizistischen Stil entworfen hatte. Hermann starb 1904, Emma, die sogenannte „Königin von Frankfurt", überlebte ihn um 18 Jahre. Da die Familie die französische Staatsbürgerschaft ablehnte, wurde ihr Besitz in Frankreich konfisziert, die entscheidende Geldquelle versiegte. Tristesse zog ein in das so luxuriöse Gebäude. Die Deutsche Wehrmacht kam, 1945 die Amerikaner, und als Frankfurt Sitz der Bundesregierung werden sollte, dachte man darüber nach, den Bundespräsidenten dort einzuquartieren. – Seit Mitte der 50er Jahre nutzte das Institut für Angewandte Geodäsie, seit 1997 das daraus entstandene Bundesamt für Kartographie und Geodäsie das großartig renovierte Haus.

Rotfichte / Weihnachtsbaum am Römer

Picea abies

Alle Jahre wieder Höhe **möglichst 30 m**

218 **Dendrologisches:** Die Fichte hat geringe Wärmeansprüche und ist in Mittel-, Ost- und Nordeuropa beheimatet. Der bis 50 m hohe Baum kann maximal 600 Jahre alt werden. Forstlich zählt sie zu den wichtigsten Holzlieferanten. Weibliche Blüten sind purpurn und im oberen Kronenteil aufrecht. Männliche Organe befinden sich im unteren Astbereich. Durch Fremdbestäubung entwickeln sich hängende Zapfen von 10 bis 16 cm Länge.

Ein Weihnachtsbaum ist alle Jahre wieder auf dem Römer zu bewundern. 219
Auf meine schriftliche Anfrage bei der Tourismus & Congress GmbH in der Kaiserstraße, ob es anekdotisches Material zum Weihnachtsbaum am Römergelände gäbe, rief mich Herr Groscher an: „Erst mal vorneweg: In Ihrem Schreiben hab ich mal wieder was dazugelernt, das Wort *Dendrologie* war mir bisher nicht begegnet, ich hab gleich nachgeschaut, vielen Dank!" „Herzlichen Glückwunsch, na bitte, in Philo- oder Rhododendron steckt dendron, griechisch der Baum." „Jaja, und was Anekdoten betrifft, also normalerweise wird ein Baum im Vorfeld ausgesucht und gekennzeichnet." „Wie kommt es zur Auswahl?" „Man trifft sich entweder auf Veranstaltungen wie der Tourismusbörse und bespricht das Vorhaben, inzwischen ist das Phänomen auch bekannt, dass in Frankfurt ein besonders großer Baum – etwa 30 Meter – zu stehen kommt, und es gibt Anfragen aus allen möglichen Regionen, wir hatten schon Bäume aus Bayern, Thüringen, Österreich und der Schweiz zum Beispiel." „Kostet der was?" „Nein, das macht die jeweilige Region aus Marketinggründen." „Kommt es auch vor, dass sich mehrere Anfragen einstellen?" „Ja, dann wird man aufs nächste Jahr vertröstet." „Und ist auch schon mal was passiert an Katastrophen oder alltäglich Erzählbarem?" „Ja also im Bayerischen ist ein Baum, weil die Leute auf den normal üblichen Kran verzichtet haben, den Hang runter gekracht, die Äste waren abgebrochen und es musste ein anderer genommen werden. Und in Weimar im Thüringer Wald hatten die Leute im Vorfeld darauf verzichtet, einen Baum auszusuchen („es hat ja doch keinen Sinn, mit so vielen Leuten einen Baum auszusuchen, da will der aane den und der anner en anner'n"), und wir mussten einen aus unserem Stadtwald nehmen …" „Tja, und zum dritten: Ein LKW-Fahrer war auf der Autobahn zu schnell gefahren, so dass die Äste abgebrochen waren und es musste „Baumkosmetik" vorgenommen werden, das heißt zusätzliche Äste mit Manschetten angebracht werden. So, das wärs auch schon!" Ich dankte für den Rückruf und wünschte einmal mehr „NUR GUTES!"

Bernatzky, Aloys (1973):
Baum und Mensch, Frankfurt am Main
Bernstein, F. W., Drescher, Henner(2010):
Doppelpass im Meisenheim, Dreieich
Bode, Helmut:
Frankfurter Sagenschatz, Frankfurt am Main
Demandt, Alexander (2005):
Über allen Wipfeln. Der Baum in der Kulturgeschichte, Wien
Derreth, Otto (1976):
Gärten im alten Frankfurt, Frankfurt am Main
dortige Abbildung der Villen des Frankfurter Nizza
sind die Vorlage zu unserer Abbildung auf Seite 35
Esebeck, Heribert von (1988):
Rundgang durch den BRETANO- und SOLMSPARK mit altem Baumbestand in Rödelheim, Jubiläums-Verein, Rödelheim
Gerteis, Walter (1963):
Das unbekannte Frankfurt 1, 2, 3, Frankfurt am Main
Grotzer, Ulrich (2013):
Die Entdeckung der Nachhaltigkeit. Kulturgeschichte eines Begriffes, München
Grünflächenamt der Stadt Frankfurt am Main (1987):
Entwicklung der Gärten und Grünflächen in Frankfurt am Main
Hessischer Rundfunk (1993):
Der Bertramshof 1888–1993, Hessischer Rundfunk, Frankfurt am Main
Historisches Museum Frankfurt (1983):
Stadt und Natur, Frankfurt um 1780, Ausstellungskatalog
November 1982 bis Juni 1983
Historisches Museum Frankfurt (1987):
Der Apfelwein in Frankfurt. Seine Geschichte und Bedeutung für die Stadt, Ausstellungskatalog
Humboldt, Alexander von (2009):
Das große Lesebuch, Hrg.: Oliver Lubrich, Frankfurt am Main
Johnson, Hugh (1974):
Das große Buch der Bäume, Bern
Kirchner, Anton (1982):
Ansichten von Frankfurt
Klötzer, Wolfgang (1994):
Frankfurter Biographie. Personalgeschichtliches Lexikon. 2 Bände, Frankfurt

Königs, Tom (1991):
Visionsoffene Räume. Grüngürtel Frankfurt, Frankfurt am Main
Kramer, Waldemar (1961):
Frankfurt am Main / Augenblick und Ewigkeit
dortige Seite 265: Max Beckmann, 1920, Frankfurter Nizza und Mainufer,
ist die Vorlage für unsere Abbildung auf Seite 167
Kraus, Gregor (1894):
Geschichte der Pflanzeneinführung in die Europäischen
Botanischen Gärten, Leipzig
Kulturregion Frankfurt Rhein Main (2008):
Garten Rhein Main. Vom Klostergarten zum Regionalpark, Hanau
Lanckovoúski, Leo Graf (1960):
Bede von Müller, seine kulinarischen Lehr- und Wanderjahre, München
Lohne, Hans (1967):
Frankfurt um 1850
dortige Seite 435: Zeichnung von Carl Theodor Reiffenstein,
ist die Vorlage für unsere Abbildung auf Seite 149
Maxeiner, Rudolf (1979):
Ländliches Leben im alten Frankfurt, Frankfurt am Main
Museum Giersch (2009):
Die Entdeckung der Pflanzenwelt, Universitätsbibliothek Johann Christian
Senckenberg, München
Pfeiffer Belli, Erich (1986):
Junge Jahre im alten Frankfurt und eines langen Lebens Reise, München
Rolter, Ekkehart, Rolter, Gernot (2002):
Die Geschichte der Lust. Zwischen Himmel und Hölle, Wien
Rousseau, Jean-Jaques (1980):
Botanik für artige Frauenzimmer, Hanau
Safranski, Rüdiger (2010):
Schopenhauer und die wilden Jahre der Philosophie. Eine Biographie, München
Stoffwegen, Carl Georg (1962):
Goethe Natur, München
Suziki, David, Grady, Wayne (2013):
Der Baum. Eine Biographie, München
Wissenbach, Björn (2010):
Mauern zu Gärten. 200 Jahre Frankfurter Wallanlagen, Frankfurt am Main

Wie das vorliegende Bäume-Buch von Henner Drescher, das einige seiner Kunstwerke im Dialog mit Baum und Holz zeigt, so befassen sich einige weitere Titel des axel dielmann – verlages Frankfurt mit Kunst und der Verbundenheit mit der Natur:

Da ist schon vom Titel her **Ewart Reder**s Gedichtband ***Verfasste Landschaft*** zu nennen. In diesen Gedichten beschreibt er immer wieder Menschen und Situationen vor dem Hintergrund ihrer Landstriche und weiß genaue Bilder für Verwurzelungen in Natur und Kultur zu setzen. (96 Seiten, Softcover mit Schutzumschlag, 14 Euro.)
Mit der Landschaft des Hintertaunus engstens verbunden ist der Dichter, Redakteur, Theatermann und Schafbauer **Olaf Velte** aus Wehrheim im Taunus. In seinem Gedichtband ***Ein Kragen aus Erde*** versteht er es, in wenigen Zeilen ganze Gemarkungen in ihrer geologischen wie auch menschengeschichtlichen Entwicklung zu formulieren, und er lässt uns nachempfinden, was sich in Vieh und Weide und Baum und Boden als Kulturraum tat und tut. (80 Seiten, Reihe ETIKETT, 11 Euro.) Mit der Künstlerin **Vroni Schwegler** zusammen hat er den schmalen Band ***Mengfrucht*** verfasst, Radierungen und Gedichte ergänzen einander bei der Auslotung unserer Verbindungen mit den Tieren im Ländlichen. (28 Seiten, von Hand fadengeheftet, 10 Euro, als Vorzugsausgabe mit einer Original-Radierung zu 140 Euro.)
Eine Kunstreise aus dem Jahr 1964 erzählt tagebuchartig der Band ***Milano, Firenze, Roma, Napoli*** von **Johannes Rath**, der nach dem Zweiten Weltkrieg als Geistlicher Jugendlichen in Frankfurt den Ausweg aus den Traumata und Verzweiflungen der Nachkriegsjahre wies – indem er ihnen Wege zur Kunst öffnete. Der Band zeichnet eine Fahrt durch die Langschaften Italiens nach, und zeichnet sie auch wörtlich nach durch Skizzen, die er in den italienischen Museen seiner Stationen anfertigte. (72 Seiten, Hardcover mit vielen farbigen Abbildungen, 18 Euro.)
Vielfach in Landschaften und Parks, immer wieder im Dialog mit Bäumen stehen die Plastiken des verstorbenen Frankfurter Bildhauers **Hans Steinbrenner**. ***Gleichnis der Harmonie***, herausgegeben von Astrid Jacobs und dem Institut für Stadtgeschichte Frankfurt, ist der Werkskatalog zum Schaffen Steinbrenners. (160 Seiten, Großformat, 30 Euro.)
Am Ende sollen zwei Bände nicht fehlen, die als schöne Hardcover hinaus führen in die vom Menschen selbst gestaltete Natur: ***Literaten im Garten***, herausgegeben vom ehemaligen Gardena-Vorstand **Wolfgang Jahrreiss**. (Band 1, Von Goethe bis Rilke, Band 2, Von Rilke bis heute, je 224 Seiten, je 16 Euro.)

Bleiben Sie neugierig!

axel dielmann – verlag

Kommanditgesellschaft in Frankfurt am Main

Donnersbergstraße 12
D – 60528 Frankfurt am Main
Telefon 069 / 9435 9000
Mail neugier@dielmann–verlag.de
www.dielmann–verlag.de